U0320807

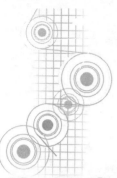

草业机械发展过程及分析

杨明韶 杨红风 编著

中国农业科学技术出版社

图书在版编目（CIP）数据

草业机械发展过程及分析 / 杨明韶，杨红风编著. —北京：
中国农业科学技术出版社，2016.4
ISBN 978-7-5116-2457-4

Ⅰ. ①草… Ⅱ. ①杨… ②杨… Ⅲ. ①草原建设—工程
机械—研究 Ⅳ. ① S817.8

中国版本图书馆 CIP 数据核字（2015）第 320157 号

责任编辑 李　雪　徐定娜
责任校对 马广洋

出　　版　中国农业科学技术出版社
　　　　　北京市中关村南大街 12 号　　邮编：100081
电　　话　（010）82109707　82105169（编辑室）
　　　　　（010）82109702（发行部）　（010）82109709（读者服务部）
传　　真　（010）82106650
网　　址　http://www.castp.cn
经　　销　各地新华书店
印　　刷　北京富泰印刷有限责任公司
开　　本　787 mm×1092 mm　1/16
印　　张　18.75
字　　数　360 千字
版　　次　2016 年 4 月第 1 版　2016 年 4 月第 1 次印刷
定　　价　60.00 元

目　录

国内篇 草业机械发展过程及特点

绪 论

农业机械（含动力）是农业生产的工具，草业机械包含在农业机械之中。草业机械（含动力）是进行草业生产的工具。

一、工具是农业生产的基本因素

（一）农业工具是农业生产的基本因素

在农业生产过程中，除了人、土地之外，工具是最基本的因素。

综观世界各国农业生产发展的历史，经过了人力时代、畜力时代、动力机械化时代，已经进入机械化电气化的现代化时代。

1. 农业生产所用的动力工具型式是农业生产水平的基本标志

用什么样动力、工具生产，就代表什么样的生产水平。在人类发展的长河中，从完全使用人力到使用现代动力机械进行农业生产经过了两次大革命。

从完全使用人力（工具）进行生产，变为使用畜力（工具），是农业生产历史上的第一次大革命。它标志着农业生产的动力不再受劳动力的限制。动力的能源不再是食品，而发展为比食品更容易解决，更低级的饲草料。而且农业动力—牲畜可以较快地繁殖、生长。

及至机械动力（工具）代替了畜力（工具），于是出现了人类农业生产史上的第二次大革命。它比第一次大革命影响更大、更深刻。表现在：第一，它标志着农业生产的动力能源不再是食品、饲草料等农产品，而变为矿产品和自然能源了，从而使原来的牲畜变成了产品；第二，农业动力的发展和增长，由生物繁殖，变为动力机械的计划生产；第三，农业从此获得了稳定的生产动力，不再受瘟疫和自然灾害的影响；第四，农业生产不再受人力、畜力的限制，而采用生产能力更大的动力机械，致使农业生产率大大提高。

2. 农业动力的发展带动了农业机械的发展

农业动力的发展，为农业机械的应用和发展创造了条件。农业机械的发展，也促进了农业动力的发展。在农业生产过程中，农业动力和农业机械密不可分离。在农业发展过程中，农业动力和农业机械已经融为一体，即人力和人力工具，畜力和畜力机具、动力和动力机械等。

农业机械发展的历史，首先是农业生产动力发展的历史；其次是与动力形式相适应、不断发展农业机械的历史，以及由于动力和机械的变化而引起的农艺、工作制度变化的历史。

（二）农业机械发展的大事

国际上农业机械化发达的国家，主要有美洲（美国）、欧洲（主要是英国、德国、法国等）。

1. 农业动力发展大事

（1）蒸汽拖拉机（Steam Tractor）的成功。

蒸汽机（Steam Engine）的发明——农业生产固定动力：1769 年瓦特发明的蒸汽机获得专利。

锅驼机（Portable Steam Engine）成功——初始农业生产行走的动力：1850 年蒸汽机装上四个铁轮子成为锅驼机（1830 年，英国和法国出现第一批蒸汽动力的拖拉机）。

蒸汽拖拉机成功——初期可行走农业动力：① 1870 年差速器创造出来，把锅驼机改造为蒸汽拖拉机；②牵引犁成功；③开始了蒸汽拖拉机动力的发展的阶段。

至 1894 年，在美国西部大农场中，锅驼机广泛应用。1900 年制造蒸汽拖拉机的工厂已达 31 家。

由于蒸汽拖拉机十分笨重，而且能做的项目少，因此，经过一百年的时间，蒸汽拖拉机始终没有能够完全代替畜力。

（2）内燃拖拉机（Internal Combustion Tractor）开辟了农业机械化的新纪元。① 19 世纪末内燃机出现，煤气机、汽油机（Pertrol Engine）问世。② 1892 年美国第一个汽油内燃拖拉机制造成功（艾奥华州铁炉拖拉机厂）。③德国的狄塞尔（Rudolph Diesel，1858—1913）获得第一个压燃式内燃机专利。④ 1899 年美国"毛顿"内燃拖拉机成功。⑤ 1906 年美国第一个正式大批生产拖拉机厂建立，1910 年拖拉机厂已达 15 家，1912 年年产 25 ～ 50 hp（1 hp=746 W，全书同）的拖拉机 8 000 余台。至此，蒸汽拖拉机停止了生产。

（3）拖拉机的笨重、传动、行走、悬挂问题逐步得到解决。

1906 年第一批生产的拖拉机体重合 243 kg/hp，用摩擦传动，极不方便。年生产的 60 hp 的拖拉机象个火车头，重达 11 t。使用时，有的用三台联在一起，拉 55 个犁头，宽 19.5 m，其笨无比，很难推广。

1908 年设计出了变速箱（gearbox）。

1870 年差速器成功。

1932 年橡胶轮胎用于拖拉机（Rubber-tried tractor）。

1918—1919 年万国（HI）公司研究成功了拖拉机的输出轴（Power-take off，PTO），后来各公司普遍使用。

1924—1925 年轮式万能拖拉机成功（开始是铁轮）。

1935 年德国制成柴油机（Diesel-engine）。

1935—1939 年液压操纵结构创造成功。

1931 年美国生产的拖拉机机重已减为每马力 73.5 kg。

2. 农业机械发展大事

（1）农业机械化的发展初期（1850—1910）。美国农业机械化的发展大致始于 1850 年，1910 年基本完成畜力机械化。

1790—1850 年的工业革命的结果，很多农民转为工人，城市人口迅速增加，农村劳力缺乏，商品粮要求日增，刺激了农业生产和机械化的发展。1848 年加利福尼亚洲发现金矿，东部人口大量西移，加剧了农村劳力的缺乏。

1803 年美国新泽西州的弗伦奇和豪金斯获美国第一个具有旋转割刀的收割机专利。

1813 年出现人工操作的压捆机。

1820 年美国出现装有一个大锄铲的专用中耕机；同年美国制造成带钉齿的圆筒脱粒机。

1822 年奥格尔制造了一台具有直刃刀片切割器和拨禾轮的收割机；同年出现割草机。

1828 年美国缅因州的萨缪尔·兰获得第一个收割—脱粒联合机专利。

1830—1860 年各种田间作业的畜力机械相继成熟，并大批生产。

1831—1834 年收割机制造成功。

1837 年钢犁（steel-plow）设计成功代替了木犁。

1843 年澳大利亚布尔发明、里德利制造第一台穗头收割机。

1850 年美国伊利诺斯州皮奥里亚的昆西获得第一个玉米摘穗机专利。

1851 年谷物播种机（seed-drill）成功。

1851 年收割机的护刃器已是马铁（可锻铸铁），是梯形刀片铆在刀杆上；犁铧已由生铁（铸铁）改为钢制。

1851 年发明了外槽轮式排种器。

1854 年割草机（mower）成功。

1855 年玉米播种机（corn-drill）成功。

1857 年澳大利亚第一台穗头联合收获机获得专利。

1865 年在美国割草机完全取代人工割草。

1873 年美国开始生产用铁丝打捆的畜力小麦割捆机。

1874—1877 年美国阿普尔比发明用绳打捆的割捆机，1880 年投入市场。

1870 年脚踏提升装置的搂草机开始应用。

1885 年澳大利亚的麦凯公司（MCkay Co.）制造了一台马拉的田间直接脱粒的谷物收割机。

1890 年美国凯斯公司（J. I. Case Thresher Co.）开始在脱粒机中应用逐藁器。

1900 年侧向搂草机广泛应用。

（2）农业机械化发展时期（1910—1940 年）。此期间机械化机具迅速发展。美国从 1910 年开始，至 1940 年美国基本完成了农业机械化过程。前已述及，作为农业机械动力的拖拉机，至 1910 年在农业生产中已基本上取代了畜力。

1900 年小麦割捆机（Wheat Binder）成功。

1909 年玉米摘穗机成功。

1910 年谷物联合收获机（牵引）出现（美国的谷物联合收获机发明于 1867 年）。

1915 年机引犁（tractor-plow）成功。

1935 年悬挂式农业机具（mounted-farm machine）成功。

1916 年园艺拖拉机成功。

1925 年美国出现了青饲料联合收获机。

1932 年美国休姆—洛弗公司（HUME-Love Co.）的偏心—拨禾轮获专利。

1940 年美国思必利—新荷兰公司（Sperry New Holland Co.）开发了干草压捆机。

1946 年苏联开始出现自走式玉米摘穗机。

1950—1970 年是发达国家农业机械化高度发展的 20 年，第二次世界大战的战时和战后，农产品价格上涨，人力缺乏，又一次促进了美国农业机械化的发展，及致进入了现代化发展时期。这 20 年，在基本上实现了机械化基础上，机械的技术水平逐渐提高，机械化作业的项目增加。机械化促进了农业的发展。这期间美国畜牧业生产在农业生产中比例增加非常快，例如 20 世纪 50 年代、70 年代畜牧业产值占农业产值的比例分别为 56.5% 和 60%。

随着畜牧业的发展，草原（业）机械化也快速发展起来了。

二、发达国家农业机械化过程概要

国际上草业机械首先是在的发达国家发展起来的，尤其是美国和欧洲，还有与我国发展传统机械化关系密切的前苏联。

（一）美国农业机械化发展的一般情况

美国农业机械的畜力机械化的发展时间很长，大约是 1850 年开始至 1910 年止，大约用了 60 年的时间。这个时期最重要的是拖拉机的发展和完善。在轮式万能拖拉机发展过程中，储备了生产机械的基本结构、基本原理。

1790—1860 年，工业革命结果，很多农民转为工人，城市人口迅速增加，农村缺乏劳动力；商品粮要求日增，刺激了农业机械化的发展。1848 年，加里福尼亚州发现金矿，东部人口大量西移，农村劳动力更加缺乏。

1830—1860 年，各种田间作业的畜力机械，如收割机、谷物播种机、割草机、钢制犁相继成熟，并大批生产。

1910 年开始了农业机械化发展时期。美国从 1910—1940 年基本上实行了农业机械化。至 1960 年，全国拥有拖拉机 513.5 万台，割草机 233.4 万台，捆草机 53.6 万台，饲料作物收获机械 23.3 万台。

至 1960 年，美国的 59 种作物，包括饲料、牧草、草籽等，除了瓜果蔬菜的收获外，都有了相应的机械和实现了全面机械化。

（二）美国是草业机械大国

美国是世界上草地资源十分丰富的国家，全国草地面积 3.73 亿 hm^2。主要分布在西部 17 个州，占草地面积的 80% 以上。美国草地分为两种类型，东部草原平均降雨 500 ～ 1 000 mm，草高 40 ～ 100 cm，可覆盖地面，称为"普列利"草原；西部降雨量很少，十分干燥，草短、稀疏，密度低，草原初级生产力不高，称为"斯太普"草原。

1. 美国的草原资源的开发历程

美国草资源的开发是以生态学理论为基础，即草地资源是可以更新的，在天然状态或人工培育下，可以不断更新和繁衍。反之，在过度放牧和人为破坏的不良条件下，也可以解体或消亡。

美国对草原的利用也经历了从草原自然利用到过度放牧，进而导致草原的退化、沙化，直到加强草原管理和建设的过程。

1870 年前，美国南部平原是一个生机勃勃的草原大世界。那时，扎根极深的野草覆盖着整个大平原，土地肥沃，畜牧业发达，一片人与自然和谐共处的景象。

1870 年后，美国政府鼓励开发大平原，尤其是第一次世界大战爆发后，小麦价格飙升，南部大平原进入了"大垦荒"时期，农场主纷纷毁掉草原，大平原变成了"美国粮仓"。与此同时自然植被遭到严重破坏，表土裸露。

进入 20 世纪 30 年代，美国经历了百年不遇的干旱，南部大平原风调雨顺的环境彻底结束，一场大灾难随之而来，如图 1 所示。沙尘暴从南部平原刮起，形成一个东西长 2 400 km，南北宽 1 500 km，高 3.2 km 的巨大的移动尘土带。狂风卷着尘土，遮天蔽日，横扫中东部，尘土落到了距美国东海岸 800 km。风暴整整持续了 3 天，掠过美国 2/3 的土地，刮走了 3 亿多 t 土，半个美国披上了一层沙土，仅芝加哥一地的积尘达 1 200 万 t。风暴所到之处，溪水断流，水井干枯，田地龟裂，庄稼枯萎，牲畜渴死，千万人流离失所。

图 1　美国的黑风暴

1935 年春天，沙尘暴再次震惊美国。持续十年的沙尘暴美国有数百万公顷农田被毁，农场纷纷破产，牲畜大批渴死、呛死，风疹、咽炎、肺炎等疾病蔓延。沙尘暴还引发了美国历史上最大的一次"生态移民"。

因沙尘暴，扫地出门的移民大军浩浩荡荡地向加利福尼亚进发。当时的一本畅销小说这样写到："无数的人们，无家可归，饥寒交迫；2 万、5 万、10 万、20 万逃难者翻山越岭，像慌慌张张的蚂蚁群，跑来跑去，地上任何东西都成了果腹的食物。"

2. 美国草原是保护式的开发利用

黑风暴"使大片大片的肥美草原毁于一旦，给过度放牧和破坏草原以强烈地报复"。也使人们从中吸取了沉痛的教训。黑色风暴后，国会很快通过了"水土保持法"，以立法的形式，将大量地土地退耕还草。划为国家公园保护。接着，罗斯福总统着手改善农业与农作基本技术，设立了联邦保护计划、实行计划种草、推行轮作制、营造防风林等生态保护计划。

从此，美国发起了对草地进行了全面的保护运动，草地经营管理纳入到法治轨道。依靠科技建设草原，草原得到了恢复，草原畜牧业、草资源逐步走上了持续发展的道路。此后，公共草地和私人草地都得到了改良和发展。

美国对草原经历了从粗放经营的过度放牧和人工破坏、退化、沙化，到加强保护建设的改良培育、恢复到保护利用集约化经营的发展过程。

美国是一个草业生产大国，相应的草原机械化也得到了发展，至 20 世纪 60 年代，达到了新的高峰，届时，全国拥有割草机达 400 多万台，干草收获量（1.3 亿～1.5 亿 t）的 90% 是捆草机系统生产的。草料的加工、饲养等环节都实行了机械化。机械化也为发展人工草地提供了保障条件。

美国的干草收获经历了一个有散草收获到捆草收获的演变。即开始时的田间收获，割草机将田间的草割下在地面上铺放成小的草趟，再用搂草工具，将草趟搂集成草条，干燥后用工具将草条集成堆和装车运去储存或应用（散草收获）。检拾压捆机出现后，检拾压捆机，在田间检拾干草条，生产的干草捆放在田间，然后用检拾、处理、装运机械将草捆运去应用、存储或进入市场（捆草收获）。至 20 世纪 60 年代，美国捆草产品达到了其牧草收获量的 90%，散草为 7%，青饲料占 2.6%，草块仅占 0.6%。1960 年后，草业机械化已经逐步进入了现代化发展时期，更为注重草产品的生产和开发，相应的草产业和草业机械化及现代化也发展起来了。

（三）欧洲主要国家的草业机械化的一般情况

欧州草地面积面积 1.52 亿 hm²，约占土地面积的 32%。欧洲高度工业化、集约的牧场放牧制是草利用的主要形式。它们采用现代科学技术，集约化利用草地。最大限度地提高草地的生产力，这种方式要求较高的人工劳动、物化劳动的投入。草地的最高利用形式，是种植业与养殖业的结合，大量使用化肥，使草地的产草量很高，为草产业和草业机械化的发展创造了条件。

为了适应高产草地的发展，欧洲从 20 世纪 60 年代开始，大力发展小中型的旋转式割草机械系统，不仅割草机是旋转式的，其割草压扁机等都是旋转式的。

全世界范围形成的高产草地的旋转机械系统源于欧州。而且欧州还发展起来旋转式的搂草、摊草、翻草机械，以适应各类高产草地的收获、加工，在此基础上形成了所谓的欧州风格。与美国、澳大利亚、前苏联等天然草原大国以往复式割草机系统的大型机械化系统为基础的发展风格，构成了当代世界草业机械化的两大系统。另外，美国、欧洲主要国家的食草畜（例如牛）的集约化饲养、饲料加工等机械化也非常发达。

法国、德国、英国、前苏联等国家和美国一样，也大力发展草捆生产，也都达到或接近草产量的 60%～70%。1960—1970 年，美国、欧洲的草产品的开发、生产和发展，促进了国际上草业机械的现代化。

三、草业机械内涵及类别

所谓草业机械，即草资源的生产及收获、收集到制成草产品全过程的工程手段。其中草资源的生产机械源自农业耕种机械。草业机械种类比较繁杂，各国的分类也不尽相同。为了叙述方便，在论述中，将草业机械分成两大类进行论述。

第一类是草资源生产机械，即草资源的种植、防护、改良、保护等的田间作业机械。

第二类是草资源的收获机械，即将草资源生产草产品的机械，其中包含青鲜饲料机械（专门生产青饲料的机械）和生产干草的机械。而草资源收获机械（含加工机械）的发展已经成为草业机械发展的基本标志。

草资源生产机械，可参考农业种植机械。在这里不作介绍，主要论述草资源的收获、收集，及草产品的生产机械。

（一）草业机械分类概述

草业机械，包括草资源的收获机械和草产品的加工机械。

草资源的收获机械中，按过程的先后，可分为基础收获机械和产品生产机械。

基础收获机械的基本功能是将草资源植株切割和进行适当的收集，为后续作业提供松散的草条（Windrow）。草条是田间进行产品生产的基础。从生产草产品角度，也可认为草条（Windrow）为"初级草产品"或"中间草产品"。

后续的草产品生产机械基本上是在草条的基础上进行的。也就是田间草产品生产必须是在基础收获机械过程基础上进行。

1. 基础收获机械系列

所谓的基础收获机械，即草资源收获中最基本的机械，也是收获和草产品生产过程的上游机械。基础收获机械系列的产品，就是具有一定特性和要求的松散草条（Windrow）。

最起初的基础机械仅是割草机械和搂草机械。现代基础收获机械已经发展包括割草机械、搂（翻）草机械、割草压扁机械等。其中包括了割草、搂草、翻草和移动、摊开、合并草条的生产过程。对于产量很高的草资源，生产干草产品时，为了加速干燥，往往需要在割草后或搂草后，增加对割后草或草条进行的摊翻处理。可用专用翻、摊草机械进行，也可以用侧向搂草机来完成。

现代基础机械生产系统中存在着 3 个基本机械系列。

第一系列：割草机（Mower）、搂草机（Rake）生产草条（Windrow）。

第二系列：割草压扁机（Mower-Condistioner）生产草条（Windrow）。

第三系列：割草压扁机（Mower-Condistioner）、搂草机（Rake）生产草条（Windrow）。

2. 草产品生产机械系列

草产品生产机械，就是在田间草条（Windrow）基础上直接生产草产品的机械。现代草产品的收获机械内涵非常丰富，种类繁多。在草产品、草业机械发展的长河中，形成了现代草业机械系统，如图2所示。

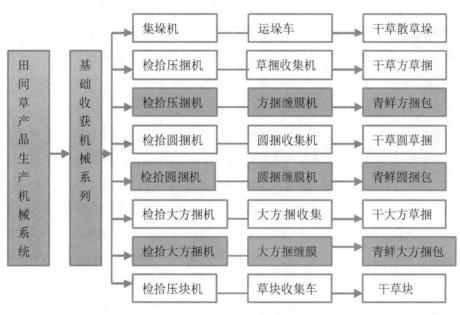

图2　现代草产品生产机械系列

3. 通用青饲料收获机械

专指生产青饲料的机械，包括各类饲料资源收获机械或称青饲料收获机械。通用青饲料收获机械基本类别如图3所示。

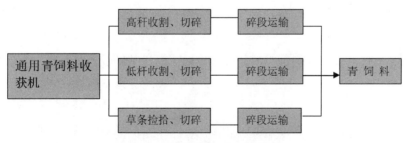

图3　通用青饲料收获机械系列

4. 其他青饲料收获机械

其他青饲料收获机械，一是指不具备通用条件的青饲料收获机，如连枷式青饲料收获机等；二是指没有形成通用配套的青饲料收获机，如高低秆兼用青饲料收获机等。

（二）草业机械的现代化发展

草业机械的现代化发展可分为以下几个时期。

从使用的工具和动力分，包括人工工具时期、畜力机械时期、机械动力时期。

从生产发展水平不同，有传统机械化时期和现代机械化时期。所谓传统机械化时期，干草生产机械化生产的目的仅着眼于草资源的收获、收集的生产过程，其产品仅是备自用的松散草垛。现代化时期除了机械化之外，更注重于草产品。即草产品的生产、草产品的种类、草产品的水平、草产品与机械化过程的融合更为密切。

国际上，草原（业）机械化是在农业机械化之后，最初是在发达的草原国家展开的。草业机械化的发展中，最有代表性的是美国和欧洲的一些国家，也可以说，在发展过程中形成了以美国为代表的美国特色和法国、德国、英国为代表的欧州风格的草业机械化。美国在 1940 年基本上实现农业机械化。英国、法国、德国先后于 1948 年、1953 年和 1955 年基本实现了农业机械化。前苏联的农业机械化，实际上是革命后发展起来的。截至 1940 年，前苏联的机械化作业项目 50% 以上基本上实现了机械化，1941—1945 年卫国战争期间遭受了严重损失，1946—1953 年间农业机械化恢复和快速发展起来了。

发达国家实现机械化后，进入 20 世纪 60 年代，畜牧业发展速度加快，其在农业生产中，注重发展畜牧业生产，提高畜牧业产值的比重。畜牧业产值接近或超过农业产值已经成为现代农业的一个重要标志，如美国已达 60%，加拿大 65%，法国 57%，前苏联 49%。即使一些非畜牧业国家也在大力发展畜牧业，相应的畜牧业生产机械化迅速展开，其中最突出、最有意义、最有代表性的就是草业机械的发展。

国外篇
草业机械发展过程及前沿分析

第一章　割草机械

割草机械（Mowers）是将田间生长的草植株切割下来，铺放于地面上的机械，可称为草资源收获第一机械。割草机械基本上可分成两大类，往复式割草机和旋转式割草机。其中一般又各有牵引式和悬挂式之分。

割草作业起始于人工割草，一般使用长柄大镰刀（Scythe），如图 1-1-1 所示。

图 1-1-1　人工用长柄大镰刀（Scythe）

第一节　往复式割草机

割草机的发展与谷物收割机（Reaper）的发展密切相连。Willim E. Ketechum 最先在市场上抛出不同于收割机的割草机（Mower），于 1847 年 7 月取得了往复式割草机（Cutter-bar mowers）切割器的专利。往复式割草机的切割是剪切原理，见图 1-1-2。1854 年 12 月，Cyrenus Wheeler 提出的割草机专利，是一个主机架，两个地轮驱动往复式割刀进行割草。1856 年 7 月，Cornelius Aultman 的割草机专利中，已经开始采用棘轮结构。1860 年，割草机已经发展成为实用的机械。1865 年，在美国，割草机已经完全取代了人工割草。当时的割草机的割刀已经是梯形刀片、畜力牵引、地轮驱动割刀，割刀作往复运动割草。割草机的应用，应该是畜力机械开始取代人工工具割草的基本标志。最早期的割草机是畜力牵引式的往复式割草机（Horse-Powered Mower）。如图1-1-3所示。

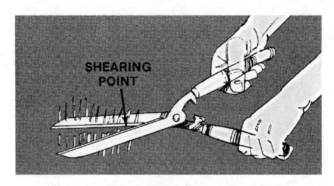

图 1-1-2　往复式割草机的剪切（shearing）原理

图 1-1-3　最早期的畜力割草机（Horse–Powered Mower）

一、牵引式割草机

所谓牵引式割草机（Trailed-mowers），具有完整的机架结构和行走轮。机械的重量基本支撑在自身机架和行走轮上。动力牵引前进，同时地轮驱动割刀进行割草作业。

1. 畜力牵引式割草机

畜力牵引式割草机有单畜牵引和双畜牵引。发展到 19 世纪 20 年代，很多国际农机公司在生产畜力割草机。例如，在我国呼伦贝尔草原，在新中国成立前期就有国外的法尔（FAHR）、兰茨（LANZ）、马库鹿（MCCORMIK）等公司生产畜力割草机。我国生产的畜力 9GX-1.4 割草机就是当时双畜牵引割草机的活化石（图 1-1-4）。草原号割草机的基本特征是很长的牲畜牵引杆和两个大铁轮（原型为前苏联的 K-1.4 割草机）。

图 1-1-4　两畜牵引式割草机

2. 拖拉机牵引式割草机

拖拉机牵引式割草机是在畜力牵引割草机的结构基础上演变而来的。拖拉机取代牲畜牵引大约起始于 1910 年。其基本结构与畜力牵引式割草机相同，地轮驱动。我国的 9GJ-2.1 牵引式割草机就渊源于此，原型为前苏联的 K-2.1 割草机，如图 1-1-5 所示。

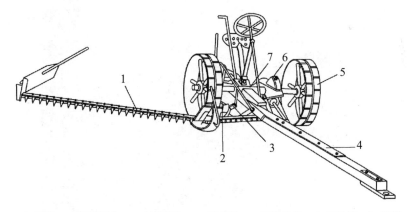

1- 切割器；2- 倾斜调节；3- 起落机构；4- 牵引梁；5- 驱动地轮；6- 齿轮箱；7- 机架

图 1-1-5　起始时期拖拉机牵引式割草机

牵引式地轮驱动的割草机，动力选择方便，只要动力牵引行走，就可进行割草作业。但是由于地轮驱动割刀割草，驱动力受到限制，容易堵塞和发生故障。割草机的重量也偏高，如 2.1 m 割幅的割草机，机重达 450 kg。作业速度低（仅 5.5 km/h），割刀每分钟往复次数仅为 680 r/min，割刀切割速度偏低，驱动力小，工作可靠性较差。所以实现机械化后，美国等发达国家很快就更新换代了，拖拉机动力输出轴（PTO）驱动取代了地轮驱动。在此基础上，经过了改进，逐步发展成为现代牵引式往复割草机。

现代牵引式割草机，拖拉机牵引前进，拖拉机的动力输出轴 PTO 驱动割刀进行割草，工作可靠。如图 1-1-6 中的 JOHN DEERE 450 型割草机，割幅割刀往复行程数可达 1 800 r/min，其前进作业速度可达 8 km/h，机重仅为 363 kg。液压提升切割器，操作方便。万国（IH）现代牵引式割草机如图 1-1-7 所示。

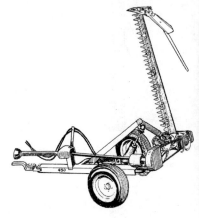 

（a）一般结构　　　　　　　　（b）田间作业情况（曲柄连杆传动）

图 1-1-6　JOHN DEERE 现代牵引式 450 型割草机

图 1-1-7　INTERNATIONAL HARVESTER 现代牵引式割草机（摆环无连杆传动）

二、悬挂式割草机（Mounted Mowers）

牵引式割草机应用之后，随着拖拉机的完善，尤其三点悬挂装置和动力输出轴（Power-take-off，PTO）的成功应用，大约在 1930 年，悬挂式割草机开始应用，并且得到很快发展。悬挂式割草机完全悬挂在拖拉机上。割草机随拖拉机前进，切割器动力来自拖拉机的输出轴（PTO）。结构简单，机组灵活，操作方便。悬挂式割草机的悬挂形式，按照与拖拉机的配置位置不同，有后侧悬挂，中间悬挂（挂在拖拉机轴间）和前悬挂，其中，后侧悬挂居多。

1. 后侧悬挂割草机（Rear–mountedMowers）

后侧悬挂割草机，挂在拖拉机后轮的右后侧方具有以下特点：视野好，操作方便；离拖拉机动力轴近，配置方便，结构简单；在悬挂式割草机中应用最为广泛。例如，JOHN DEERE 350 型割草机（割幅 9 英尺，机器前进工作速度 8 ～ 10 km/h，割刀往复行程数 1 800 r/min，机重 286 kg），如图 1-1-8 所示，包括：Main Frme（主悬挂机架）、Drive Belt（传动皮带）、Float Spring（缓冲弹簧）、Drag Bar（拉杆）、Inner Shoe（内托板）、Knife（割刀）、Grass Board（挡草板）、Cutter Bar（刀梁）、Grass Stick（拨草杆）、Pull Bar（安全拉杆）、Pto-shaft（动力输出轴）。

万国（INTERNATIONAL HARVESTER）公司的 1300 型、230 型后悬挂割草机，割幅 2.13 m，割刀往复行程数可达 2 000 r/min，机重 578 lb，如图 1-1-9 所示。

德国的 RASSPE KOMETE 后悬挂割草机，如图 1-1-10 所示。

法国 KUHN 公司的 FA367 后悬挂割草机，如图 1-1-11 所示。

一般悬挂式割草机的作业速度比牵引式的高。20 世纪 70 年代一般前进工作速度都能达到 8 km/h。悬挂式割草机配套拖拉机比牵引式要求严格。在选择配套动力方面不如牵引式方便。

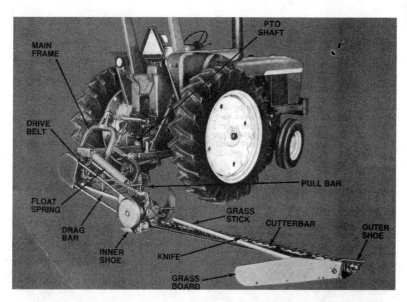

Main Frme（主悬挂机架）；Drive Belt（传动皮带）；Float Spring（缓冲弹簧）；
Drag Bar（拉杆）；Inner Shoe（内托板）；Knife（割刀）；Grass Board（挡草板）；
Cutter Bar（刀梁）；Grass Stick（拨草杆）；Pull Bar（安全拉杆）；Pto-shaft（动力输出轴）

图 1-1-8　JOHN DEERE 350 型悬挂式割草机（摆环无连杆传动）

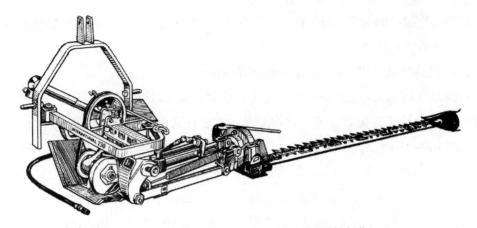

图 1-1-9 International Harvester 230 型后悬挂割草机

1- 三点悬挂架；2- 活结传动轴；3- 皮带传动；4- 安全（脱钩）拉杆；5- 曲柄连杆；
6- 提升拉杆；7- 割草机梁；8- 切割器（含内托板）

图 1-1-10 德国 RASSPE KOMETE 后悬挂割草机

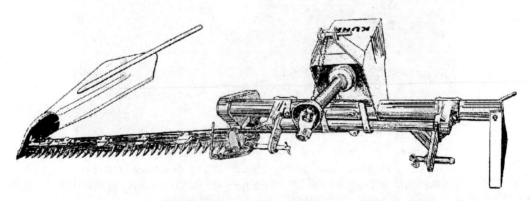

图 1-1-11 法国 KUHN 公司的 FA367 小幅横梁式后悬挂割草机

2. 中间悬挂割草机（Central-mounted Mowers）

割草机挂在拖拉机的前后轴中间的右侧，也称侧悬挂式割草机。JOHN DEERE 中间悬挂割草机如图 1-1-12 所示。

图 1-1-12　JOHN DEERE 中间悬挂式割草机

3. 前悬挂割草机（Front mounted Mowers）

割草机挂在拖拉机的前方，德国 BUSTATIS BM1260 双动割刀割草机如图 1-1-13 所示。

图 1-1-13　前悬挂割草机结构形式（双动割刀）

4. 半悬挂割草机（Semimounted Mowers）

半悬挂割草机，一般都带有后支承轮（Carrying Wheel），如图 1-1-14 所示。

图 1-1-14　半悬挂形式的割草机

三、现代往复式割草机的特点

综上，进入 20 世纪 70 年代，现代往复式割草机的发展主要表现在以下方面。

一是现代往复式割草机割刀往复行程数已达 1 800 r/min 或以上。工作前进速度可高达 8 km/h 以上。机器重量大幅度减轻，悬挂式割草机机重，每米割幅机重已经降至 100 kg 以下。最低的仅 80 kg/m。

二是切割器的结构已经非常完善。其结构形式，挂接装置，传动装置，安全器形式液压提升，使用调整等基本形式都已经规范化。

三是割刀传动装置，最典型的是摆环—无连杆传动（Pitmanless knife drive with single counter-balance），以及双驱动轮平衡驱动（Pitmanless mower knife drive using twin counterbalanced wheels）和曲柄连（摆）杆装置（Crank-Pitman mower）等。如图 1-1-15 和图 1-1-16 所示。

四是出现了下刻齿（BOTTOM-SERRATED）刀片，很好地解决了割刀的耐磨问题。工作过程割刀的磨损是往复式割草机中的突出问题。原先采用光刃（smooth）刀片，刀刃锐利，切割省力，易变钝，工作过程需要经常进行磨刀。例如，在我国天然草地割草工作一天割刀需要刃磨一次，非常费事，尤其对割幅较大的割草机更是麻烦。如果采用上刻齿（top-serrated）的割刀，刀刃耐磨，但是切割阻力较大，又不能进行磨刀。后来，出现了下平面刻齿刀片（bottom-serrated），下刻齿刀片的应用，提高了刀片的耐磨性，又可以进行磨刀。如果刻齿方向适宜等，还可能出现自磨锐现象。所谓自磨锐，即在工作过程中，刀刃始终保持锐利，始终保持刀片的合理的形状。3 种型式刀片如图

1-1-17 所示。

　　五是为了适应丘陵、沟坡等草地的割草作业，现代割草机，其割刀不仅能在水平面上切割，而且还能在坡度草地上作业。适应地面的能力很强。

　　六是往复式切割器结构、型式已经非常完善，结构组成基本标准化，如图 1-1-18 所示。

　　七是往复式割草机的悬挂装置比较简单。其形式已经规范化，一般的装置如图 1-1-19 所示。

　　上述发展，标志着往复式割草机的现代水平。至今国际上往复式割草机，结构已经很完善，指标先进，技术水平先进，可靠性、工艺性、制造水平都较高。

图 1-1-15　JOHN DEERE 的摆环—无连杆传动装置结构

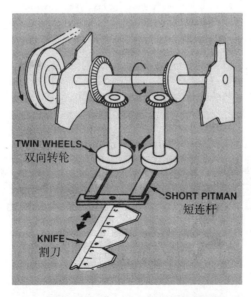

图 1-1-16　INTERNATIONAL HARVESTER 公司的双驱动轮传动（Twin-Wheel Drive）原理

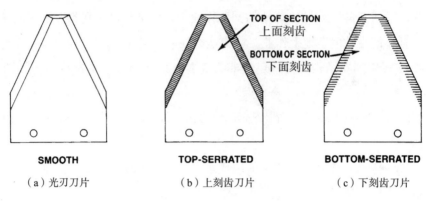

（a）光刃刀片　　　　　（b）上刻齿刀片　　　　　（c）下刻齿刀片

图 1-1-17　3 种割刀刀片

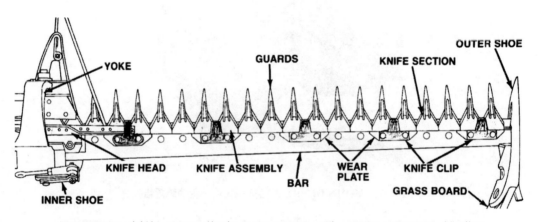

INNER SHOE- 内托板；YOKE- 挂刀架；KNIFE HEAD- 刀头；KNIFE ASSEMBLE- 割刀装配；
BAR- 刀梁，WEAR PLATE- 摩擦片；KNIFE LIP- 压刃器；GRASS BOARD- 拨草板；
OUTER SHOE- 外托板；KNIFE SECTION- 刀片；GUARDS- 护刃器

（a）JOHN DEERE 往复式割草机切割器基本结构

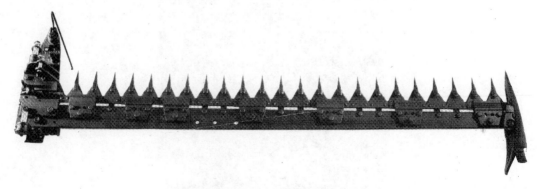

（b）德国 RASSPE 切割器的基本结构

图 1-1-18　往复式割草机切割器基本结构

1-曲柄连杆；2-提升装置；3-割草机梁；4-安全（脱钩）器；5-挂架；6-活节传动轴

图1-1-19　往复式割草机的一般悬挂形式

四、往复式割草机发展过程中存在的问题

第一，正常情况下，往复式割草机前进速度与其割刀往复运动的频率要保持一定的关系。为保证切割质量，割刀要基于一定的速度（保证切断茎秆），一般割刀平均切割速度约2 m/s。在此条件下，割刀一个行程，机器前进距离（进程）一般要稍大于刀片的高度（约相当于割刀高度的1.5倍），才能保证切割质量。所以，要提高前进速度，必须相应地提高其往复运动的频率。提高割刀往复运动的频率，往复惯性力大增，切割器的震动加剧，使其作业受到影响，甚至无法进行工作。震动的加剧，还导致机器易出故障，甚至损坏。所以，提高机器的前进工作速度的问题，取决于割刀的往复惯性力的平衡，因此，割刀的传动装置及其对惯性力的平衡成了提高往复割草机其前进工作速度的一个关键问题。所以往复式割草机发展初期，割刀的传动装置基本上是曲柄连杆装置及相应变形的连杆、摆杆机构等。减少往复惯性力，提高前进工作速度及对其往复运动惯性力的平衡的试验研究贯穿往复式割草机发展的全过程。其中，窄底刀片，在一定的转速下可以提高切割速度，也就是在保证其最佳切割速度的条件下，可以降低其往复行程频率。进行过加大割刀的行程的方法，保证切割速度条件下，可以减小往复频率。还进行过大量的平衡传动装置的试验研究等。

经过了较长期的发展，1960—1970年，在美国，往复式割草机其传动装置中，具有代表性装置为摆环—无连杆传动（BALANCED-HEAD DRIVE）。还有双轮驱动和采取了一定平衡措施的连杆传动装置。使往复式割草机的往复运动行程数可以达到1 800 r/min 以上，割草机的最高工作速度可突破 10 km/h。大幅度提高了往复式割草机的生产率。

第二，在往复式割草机发展的长河中，双动割刀（Double-knife）割草机的出现和发展应值得一提。双动割刀切割器见图 1-1-20，双动割刀割草机见图 1-1-21。

双动割刀的传动，多采用液压传动，由液压马达驱动两个作相反运动的连杆驱动上下割刀作相互运动，其惯性力得到了最大程度的平衡，所以其工作的前进速度可以很高，一般在 10 km/h 以上，机器的震动较小。其传动装置见图 1-1-22。

在美国，一直主要使用往复式割草机。资料显示，起初，美国全部使用往复式割草机。发展到 1967 年，美国还保持 60% 的割草地依然使用往复式割草机割草。阿帕拉肯地区的 86% 割草地是用往复式割草机收割。

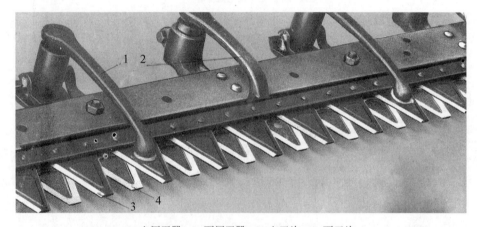

1- 上压刃器；2- 下压刃器；3- 上刀片；4- 下刀片

图 1-1-20　双动割刀切割器

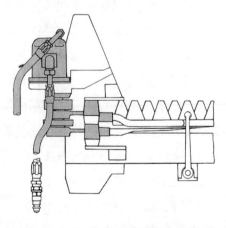

图 1-1-21　双动割刀割草机图　　　1-1-22　双动割刀的液压传动

第二节 旋转式割草机

一、旋转式割草机的起始时期

旋转式割草机（Rotary Mowers）是利用高速度旋转的刀片，对田间生长的植株进行冲击切割。也曾使用过连枷式旋转割草机。连枷式旋转割草机为绕水平轴旋转的连枷割刀冲击切割生长的植株，如图 1-1-23（a）所示，应用最广泛的为绕垂直轴的旋刀式旋转割草机，如图 1-1-23（b）所示。

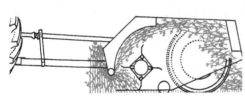

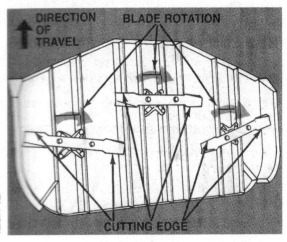

（a）连枷切割原理　　　　　　　　　　（b）旋转割刀割草

Direction of travel- 前进方向；Blade rotation- 刀片旋转方向；
Cutting Edge- 切割刀刃

图 1-1-23　旋转式割刀割草

1787 年，英国人皮特（William Pitt）提出一台畜力地轮驱动的锯齿圆盘割刀的收割机。

1803 年，美国弗伦奇（French）和豪金斯（Hawkins）获美国第一个具有旋转割刀的收割机专利。1806 年，英国出现马拉的圆盘割刀收割机等。旋转割刀的收割机成为旋转式割草机发展的基础。实际上旋转式割草机是在进入农业机械化之后发展起来的，尤其 1960 年前后才得到广泛地应用，且发展非常迅速。特别是在欧洲种植牧草、使用化肥、生长茂密、产量很高的草地上，几乎都使用旋转式割草机。对于产量很高的种植草地，尤其粗硬茎秆的植株，往复式割草机难以适应。所以，最先在欧洲旋转式割草机得到了广泛应用和发展。例如，1968 年库恩（KUHN）公司的悬挂式割草机，其切割器通过三点悬挂在拖拉机上，代表了当时旋转割草机的一般情况，如图 1-1-24 所示。

图 1-1-24　KUHN 公司初期的悬挂式割草机

在约 20 年的时间里，旋转式割草机在欧洲市场上基本上取代了往复式割草机。当时西欧约有 20 家公司生产约百种机型的旋转式割草机。例如，维康（VICON）、法尔（FAHR）、皮杰（P.J.Zweegerds）等公司生产的旋转割草机型谱比较齐全，体现了当时旋转式割草机的发展趋势和技术水平。VICON 公司和 P.J.Zweegerds 公司生产的旋转式割草机有牵引式和悬挂式，有盘状式，也有滚筒式。FAHR 公司、WELGER 公司也是生产旋转式割草机的重要公司。后来美国 JOHN DEERE、SPEERE NEW HOLLAND 等公司也生产旋转式割草机等。

二、现代旋转式割草机

现代旋转式割草机的割刀几乎都是绕垂直轴旋转的，基本上分为滚筒式旋转式割草机和盘状旋转式割草机两大类。

（一）滚筒旋转式割草机

滚筒式割草机（Drum Mowers）的切割器为高速度旋转的滚筒，滚筒下面与滚筒联接的刀盘上铰接着若干（2～4）刀片。滚筒的数量一般有 1～4 个。克拉斯（CLAAS）、万国（HI）、法尔（FAHR）约翰迪尔（JOHN DEERE）等很多公司都生产滚筒式割草机，例如，FAHR 公司的 KM-20，为悬挂式，有两个滚筒，割幅 1.35 m，25 hp 拖拉机配套，机重 280 kg。如图 1-1-25 所示。

图 1-1-26 所示的 CLAAS 公司的的 WM30 牵引式的滚筒式割草机。有 3 个滚筒，割幅 2.45 m，机重 710 kg，配套拖拉机 35 hp 以上。悬挂式滚筒式割草机如图 1-2-27 所示。

滚筒式割草机转动惯性大，传动装置配置在割刀上方。起始时期滚筒由皮带传动，后来发展到锥齿轮传动。传动效率较高，滚筒转动较平稳，可高速度前进作业。滚筒式割草机的传动如图 1-1-28 所示。

（a）机器外貌　　　　　　　　　　　（b）田间作业情况

图 1-1-25　FAHR 公司生产的 KM-20 滚筒式割草机

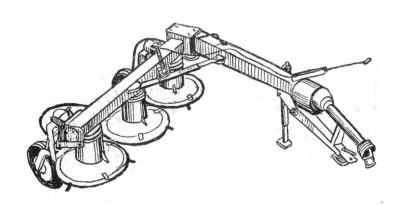

图 1-1-26　WM30 牵引式滚筒割草机

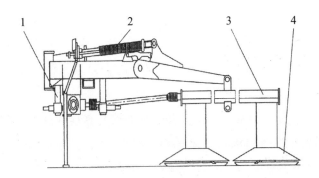

1- 机架；2- 缓冲弹簧；3- 滚筒的传动；4- 滚筒下面的刀盘

图 1-1-27　Pottinger CAT190 悬挂式滚筒式割草机结构

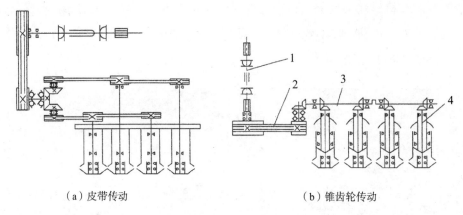

（a）皮带传动　　　　　　　　　（b）锥齿轮传动

1- 动力传动轴；2- 传动皮带；3- 滚筒的传动轴；4- 滚筒轴

图 1-1-28　滚筒式割草机的传动

　　滚筒式割草机的滚筒有利于割下草的向后铺放，割后，在两个滚筒之间可形成较整齐的草趟。整机结构不如盘状割草机紧凑。在旋转式割草机市场上，盘状割草机更广泛。

　　滚筒转数可达 3 000 r/min，厂家标注前进工作速度一般为 10 ～ 13 km/h 或16 ～ 19 km/h，甚至是 20 km/h 以上。因为割刀旋转平稳，提高滚筒旋转速度，一般不会影响机器的平稳性，所以影响机器工作平稳性的只能是前进速度。理论上，有的前进工作速度确实可以达 20 m/h 以上。但是生产条件，例如草地的地面情况，是影响机器的前进工作速度的主要因素。在一般的生产条件下，实际上前进工作速度最高也只能是15 km/h，很难达到更高的前进工作速度。在刀盘转速一定的割草机上，其前进工作速度也应该是有一定的范围，是不能随意提高前进工作速度的。悬挂滚筒式割草机一般机重每米割幅 200 ～ 290 kg。

（二）盘状旋转式割草机

　　盘状式旋转割草机（Disk Mowers）由若干刀盘组成，刀盘上铰接若干刀片，刀盘高速旋转进行割草。刀盘装在刀梁上，刀梁腔内为刀盘的传动系，刀盘装在刀梁的上方。

　　（1）盘状割草机轻便，悬挂式居多。其悬挂方式与悬挂式往复式割草机相似，如图1-1-29 所示（KUHN 公司的 DMD66 割草机，6 盘，2.4 m，430 kg）。其一般基本结构有若干刀盘，4 ～ 6 个刀盘的居多。每个割刀盘上绞结 2 ～ 4 个刀片，2 个刀片的居多。其田间作业情况如图 1-1-30 所示。盘状割草机的刀盘有圆盘状、椭圆状，也有三角状的。三角形刀盘割草机如图 1-1-31 所示。

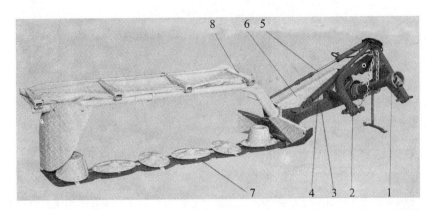

1- 传动轴；2- 悬挂架；3- 机架；4- 弹簧；5- 拉杆；6- 皮带传动；7- 切割器；8- 防护罩

图 1-1-29　KUHN 公司生产的 DMD66 盘转割草机（椭圆刀盘）结构

图 1-1-30　盘状割草机作业情况

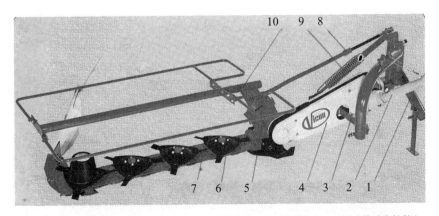

1- 悬挂架；2- 传动轴；3- 牵引安全器；4- 皮带传动；5- 内托板；6- 刀梁（传动齿轮箱）；
7- 刀片；8- 拉杆；9- 缓冲弹簧；10- 防护罩架

图 1-1-31　VICON165 割草机（三角形刀盘）

（2）割刀的传动装置在封闭的刀梁中，刀盘装在刀梁上面，所以也称下传动割草机。传动系的发展已经成为盘状割草机发展的重要标志。传动由裸露发展到封闭，由锥齿轮传动发展到密封的圆柱齿轮系传动。封闭的传动装置为封闭在刀梁内的油浴齿轮系。

初期是锥齿轮系，如WELGER公司生产的SM600，6盘，圆盘，2.4 m，机重340 kg，配套动力26 kW拖拉机机。锥齿轮传动系统如图1-1-32。锥齿轮传动的割草机结构如图1-1-33所示。

现代盘状旋转割草机的割刀多为圆柱齿轮传系统，如KUHN公司生产的GMD44割草机，其内部结构如图1-1-34所示，为GMD 100系列的传动系统。封闭、油浴圆柱（斜）齿轮系统，传动效率达到最高，噪声低，耐磨、寿命长，故障少，维护简单，封闭油浴圆柱齿轮传动系统是现代盘状割草机的基本特征。

伊诺罗斯（enorossi）旋转式切割器刀梁内一般的结构如图1-1-35所示。

最新出现了切割器模块传动系统，如图1-1-36 CLAAS DISCO 260型割草机。传动系统为圆柱齿轮系统，在传动系统前面增加传动刀盘的齿轮系统。结构强劲，具有维修和更换方便、使用寿命长的特点。

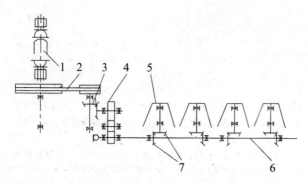

1- 动力传动轴；2- 传动皮带；3- 传动锥齿轮；4- 圆柱齿轮；5- 刀盘；6- 割刀的传动齿轮轴；
7- 传动刀盘的一对锥齿轮

图 1-1-32　锥齿轮传动原理

（a）传动结构在刀盘下面的刀梁中　　　　（b）刀梁内的锥齿轮

图 1-1-33　WELGER 公司生产的 SM600 锥齿轮传动结构

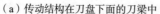

图 1-1-34 KUHN 公司生产的 GMD 割草机的齿轮传动系

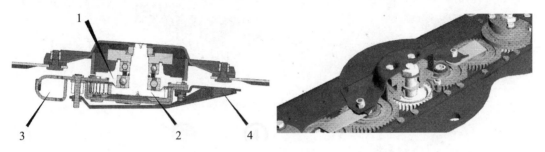

1- 刀梁内油浴传动齿轮系中刀盘的旋转轴承；2- 传动刀盘的齿轮；3- 成型刀梁的坚固护板；4- 刀梁的前护板

图 1-1-35 伊诺罗斯旋转式切割器

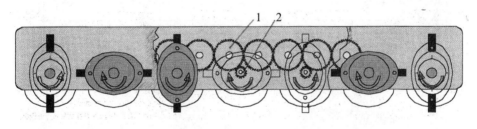

1- 齿轮传动系统；2- 刀盘传动

图 1-1-36 CLAAS 公司的 DISCO 260 型割草机传动系统

（3）在盘状割草机发展过程中，刀盘形状及其配置变化较大，如图 1-1-37 所示。

起初为圆形刀盘较多。例如德国 MÖRTL，T 系列割草机，如伊诺罗斯（enorossi），多农 TRRAAUP，WELGER，SM600 等。

后来出现了三角形刀盘及配置，多农 TRRAAUP，VICON CM 系列，如 CM240 为三角形刀盘，德国 KRONE 等刀盘多为三角形。

现代椭圆刀盘的多起来，如 HUHN 旋转刀盘都是椭圆状，如 GMD500（割幅 2 m，5 盘，刀盘的直径，即刀盘的旋转直径，如 KUHN 公司的椭圆形刀盘的短径 260 mm，长径约 380 mm，刀片伸出长度 40 mm，割刀旋转直径约为 460 mm。

相对圆形刀盘，其他非圆形刀盘，可以减少材料消耗和刀盘的质量。在相同的情况下，重割比较严重。所以非圆形刀盘与高速作业相适应。其发展趋势，除滚筒式切割器之外，圆形刀盘愈来愈少。椭圆刀盘有增加的趋势。

（4）不论什么样的刀盘在水平面上都是向前倾斜配置的，旋转工作过程，仅前半周切割植株，避免后半周重割。相邻刀盘都是相对反向旋转，其上的刀片都是交错排列。现代割刀装置采取了安全销装置。即在刀盘轴上，设置一个安全销子，当瞬间冲击，切割器轴过载时，安全销切断，保护切割器和传动系统不被损坏，如图 1-1-38 所示。

（a）多农 TRRAAUP，VICON CM 系列三角形刀盘

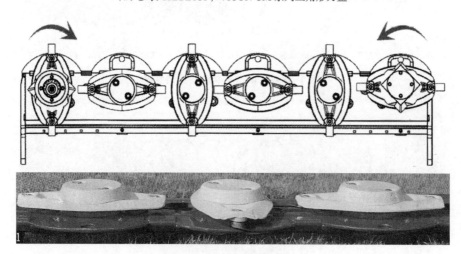

（b）KUHN 公司的椭圆形刀盘

使用了非常耐磨的材料

（c）伊诺罗斯公司（ENOROSSI）的圆形刀盘

图 1-1-37　刀盘的形状和配置

（SafeCut Inside）安全销

图 1-1-38　KRONE 公司生产的旋转切割器刀盘的安全销装置

（三）盘状、滚筒状结合型旋转式割草机

1970 年以来出现了盘状、滚筒结合式的旋转式割草机。即中间为下传动的若干刀盘，例如 7 个。后面两侧设置上旋转辊筒协助将割后的草形成一个较集中的草趄。该结构是一种刚性匣结构型式，增大了刀梁的刚性，可减少刀梁内齿轮的磨损。图 1-1-39 为 KUHN GMD 702（7 个刀盘，2.8 m 割幅。8 个刀盘，3.11 m 割幅）。

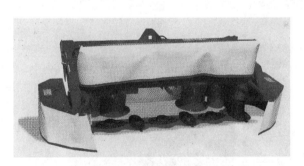

（a）割草机外观

（b）前悬挂形式作业　　　　　（c）前悬挂 + 两台后悬挂作业

图 1-1-39　KUHN GMD 702 割草机及作业情况

（四）现代旋转式割草机的田间工况

现代旋转式割草机的田间工况已经非常完善，包括田间作业的各种工况和运输的工况，能很好的满足生产要求，且操作方便。如图1-1-40所示，（a）示意田间作业遇障时，安全脱钩器脱开，避免机器被损坏。（b）示意一根重型弹簧，保证割台最佳对地面的适应性。（c）示意作业时，对地面适应倾角的调整范围可达±35°。（d）示意仅用油缸就可将割台抬离地面，进行田间运输。（e）示意提升并锁定割台，很容易转换至道路运输位置；从道路运输位置，打开锁销，并放下割台，转变为工作位置。（f）示意使用一个液压操纵手柄，即可实现田间作业割台的升降。

伊诺罗斯公司的割草机具有对地面的多自由度适应性特点，如图1-1-41所示。

(a)　　　　　　　　　　(b)　　　　　　　　　　(c)

(d)　　　　　　　　　　(e)　　　　　　　　　　(f)

图 1-1-40　田间作业工况

图 1-1-41　割草机对对面的多自由度适应性

（五）现代旋转式割草机的基本参量和指标

1. 割刀的速度与工作的前进工作速度

旋转式切割器的旋转速度均匀、稳定，所以其转数可以很高。即旋转式割刀的（旋转）速度上限不受限制。

旋转割草机中与旋转割刀旋转速度相关的因素中，一是根据植株的性质，选择确定最低切割速度（刀盘的旋转中，刀片上的最低速度必定高于此速度），使切割顺利，使切割力最小，切割功率消耗最低。二是保持较高的切割质量，即保持较低的割茬和较少重割。

割刀的速度应随前进速度的提高而提高。因为割刀的速度可以很高，但是前进的速度与割刀的旋转速度存在一定的关系，如果割刀的速度一定，前进工作速度过高，其割茬就高，甚至发生漏割，切割质量低；前进速度过低，重复切割严重，机器效率低，生产率低。所以，割刀的速度与前进速度应必须保持一定的关系。

另外，草地的状况和条件也限制其前进工作速度不能太高。有的资料介绍旋转割草机前进工作速度可达 18 km/h 以上，在实际生产条件下，这样高的前进速度很难保证割草机的平稳作业。所以，旋转切割器的割刀的速度没有最高，只有最优。有关资料介绍，旋转切割器的速度，一般为 30 ～ 90 m/s，刀盘的转数在 2 000 r/min 以上，有的已达 3 000 r/min。

割刀的速度和割刀的切割速度，不是一个概念。所谓割刀的速度，就是割刀刀片的旋转速度，即刀片半径 r 与刀盘的旋转角速度 $\omega=\pi n/30$（1/s）之积（$R\omega$），其中 n 就是刀盘的每分钟转数（r/min）。但是刀片根部与顶部的半径不同，所以割刀片长度方向上的割刀的速度是不同的，是变化的。而割刀的切割速度，是有一定定义的，其与其前进速度 u_j 存在一定关系。所谓切割速度，就是割刀片切割植株时的相对植株的速度。其大小是设计者选择的定值。并使其等于刀片旋转方向一侧刀片根部（半径 r）的速度（$r\omega-u_j$）。因此，切割速度与割刀的速度的概念不能混淆。

2. 初期旋转式割草机的工作幅宽

初期，悬臂型单刀体切割器宽度小于 2 m，现代国际上各生产公司的割草机的幅宽也在增加，且已经标准化，已经有 2.4 m、2.8 m 和 3.2 m，悬臂割刀最高的可达 4 m 割幅了。最新出现 KRONE 的自走式青饲料收获机的旋转式割草台，盘状切割器的割幅高达 10 m 以上，有 14 个椭圆刀盘。但是其割草机的刀梁不是悬臂型。非悬臂型割幅可很宽。

3. 单位割幅机重

割草机单位割幅机重逐渐减轻。一般盘状旋转割草机的每米机重在 200 kg，少数低于此数值，高的达 230 kg 或者更高。

4. 刀片高度

旋转式割草机的刀片为矩形，一头有孔，铰接于刀盘上，其切割高度（即所谓的刀片高度 h）是其在刀盘上伸出的长度，所以，刀片高度 h 是刀片顶部旋转半径 R 与刀根半径 r 之差，即 $h=R-r$。如图 1-1-42 所示。刀片高度 h 是旋转割草机确定前进速度与旋转速度的重要依据。

图 1-1-42　刀片的高度 $h=(R-r)$

第三节　两类割草机竞相发展是现代割草机发展的特点和标志

一、往复式割草机的相对特点及发展

（一）往复式割草机的特点

（1）为剪切切割，切割省力，据资料介绍，每米割幅切割耗功率仅 1 250 W，割茬整齐。

（2）重量轻，每米割幅消耗的材料少。悬挂式割草机，每米割幅重量，可低至 100 kg。

（3）对产量很高的草植物和较粗硬的植株适应性较差。即对于亩产干草量很高，例如一次收获干草产量高于 300 kg 以上的草地作业，切割器容易堵塞，尤其对于粗硬植株切割比较困难。

（4）由于割刀往复惯性力的影响，其前进作业速度受到限制，工作振动较大。目前机器的前进工作速度一般低于 10 km/h。

（5）全过程刀片容易磨钝，需要磨锐、更换刀片比较麻烦。

（二）往复式割草机的发展要点

（1）综观往复式割草机的发展历史，平衡往复惯性力，提高其前进作业速度 u_j 是往复式割草机发展过程中的一条主线。在过程中，其前进作业速度，由开始的 5～6 km/h、7～8 km/h 到 8 km/h 以上，现代往复是割草机前进作业速度可高达 10 km/h，相应的割刀往复行程次数可达 1 800～2 000 r/min。例如，美国万国公司和约翰迪尔等公司生产的现代往复式割草机均已经达到这样的水平。

（2）充分发挥其消耗功率低的优势，增加割幅宽度，单刀割幅（悬臂），已接近3 m。在前苏联表现更为突出，发展 3 刀（6 m）、5 刀（10 m）、甚至 7 刀（14 m）的往复式割草机，KHY-6 割草机（图 1-1-43）3 个割刀，割幅 6 m，弥补了前进速度不能太高的弱点，大大地提高了生产率。

（3）充分发挥切割质量高、耗能量低的特点，使其在天然草原和产草量一般的草地上受到广泛的欢迎。由此，在美国、加拿大等草原大国得到了充分的发展。半个世纪以来，美国、加拿大等草原国家主要应用往复式割草机。

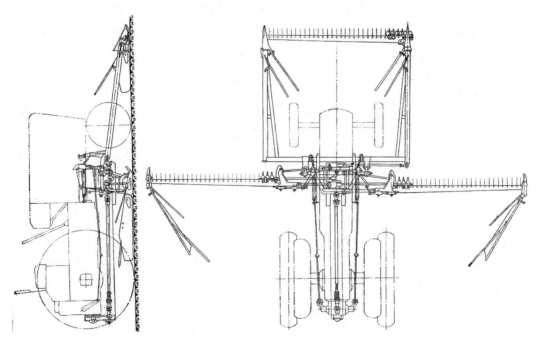

图 1-1-43 KHY—6 型 3 刀割草机

二、旋转式割草机的相对特点及发展

（一）旋转式割草机的特点

（1）冲击切割，切割力强，每米割幅空载功率高，约为3 000 W比往复式切割器高得多。冲击切割割茬比往复式割刀剪切质量较差。

（2）重量较大，每米割幅重量高于200 kg。

（3）对高产量、生长茂密和粗硬植株的适应性强。尤其适于种植草地割草。对草地地形适应性较强。

（4）割刀旋转平稳，前进作业速度可以很高，作业地面情况允许，其前进工作速度可超过10 km/h，也就是前进工作速度不受割刀速度的限制。

（5）割刀不需要磨刀，更换刀片十分方便。

（二）旋转式割草机发展要点

（1）旋转割草机的发展过程中，主要是发扬其工作平稳、可以高速度作业的特点。只要作业条件允许，其前进作业速度的基本不受限制，例如，法国库恩（KUHN）公司、GMD系列的旋转式割草机，在一定的草地条件下可达到18 km/h以上。

（2）发扬适应性强的优势，在高产种植草地，即使粗硬植株，也能进行正常的作业，所以在欧洲主要发展旋转式割草机。半个世纪以来，欧洲的旋转式割草发展很快，应用最广。欧洲生产的现代旋转式割草机普遍受到欢迎。例如，法国的KUHN公司、德国的WELGER公司、FAHR/CLAAS公司等生产的旋转式割草机都是很有名气的。

（3）半个世纪农业机械化、现代化的发展过程中，在国际上形成了以美国为代表的，包括加拿大等，主要应用、发展往复式割草机；以欧洲为代表，尤其是德国、法国等主要应用、发展旋转式割草机。

在国际上，可以说，两类割草机的竞相发展过程，也展示了割草机的发展历史。

第二章　搂草机械

第一节　搂草机的功能及类别

一、搂草机的功能及意义

搂草机（Rakes）的功能，是在草资源的收获和草产品的生产的过程中，为了不使含水分过高的割后植株堆积发霉变质，对割后草在适当的含水分时，将割草机散铺于地面上的草趟搂集成蓬松的草条（Windrow），使其充分干燥、尽量减少日光暴晒，利于后续作业。

从生产收集和草产品生产过程的需要，对搂集（草条）的基本要求：一是草条蓬松，内部结构均匀，搂集的草条和搂集的过程要有利湿草的晾干（燥）；二是草条要有一定的尺寸大小，整齐、直线性好，利于收集和后续作业过程的进行。

二、搂草机的分类

搂草机一般采取三级分类法。

第一级分类：根据搂草机作业前进方向与搂集草条方向的关系，搂集草条是横置的搂草机称为横向搂草机；搂集草条与其前进方向一致的搂草机，叫侧向搂草机，即草条在机器的侧面形成与前进方向一致。所以，第一级分类可分为横向搂草机和侧向搂草机两类。

第二级分类：可根据搂草器的结构特征分类，可分为搂耙式搂草机、滚筒式搂草机、指轮式搂草机、旋转搂草机等。在第二级分类中，侧向搂草机可分为滚筒式、指轮式和旋转式搂草机等。

第三级分类：主要是滚筒式搂草机中，可分为直角滚筒搂草机和斜角滚筒（平行杆式搂草机。搂草机的一般分类如图 1-2-1 所示。

目前，市场上除了横向搂草机之外，一般多是按第二级分类法命名，如指轮式搂草机，旋转式搂草机等。

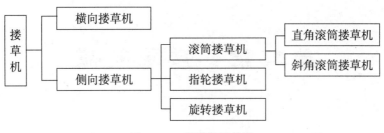

图 1-2-1　搂草机的分类

第二节　搂草机的发展过程

一、横向搂草机

（一）横向搂草机的搂草器

横向搂草机（Dump Rakes）的搂草器为搂耙。最早期用人工搂耙进行搂草，叫搂耙子。到了1800年，开始应用畜力牵引搂耙，即畜力牵引式横向搂草机，由搂耙、机架、行走轮组成。一人操作两畜牵引，搂耙搂集的草条是横置的。畜力牵引式横向搂草机（Horse-Powered Rake with Hand Dump），如图1-2-2所示。

畜力搂草机经过了漫长的时间，后来拖拉机取代了畜力，发展成为拖拉机牵引的横向搂草机，其基本结构如前苏联的横向搂草机（与畜力横向搂草机基本结构相同），搂幅14.5 m，弧形齿间距71 mm。如图1-2-3所示。

图 1-2-2　畜力横向搂草机

40

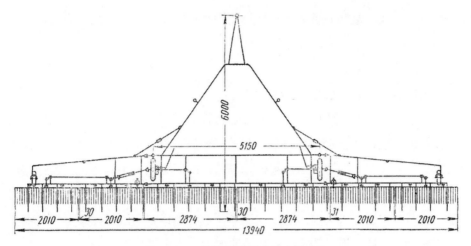

图 1-2-3　拖拉机牵引式横向搂草机

（二）横向搂草机工作过程及特点

1. 横向搂草机的工作过程

横向搂草机的基本结构是一个横置的搂耙，搂耙由横向平行排列的弧形搂齿组成。前进搂草作业时，弧形搂齿的下齿端触地搂草，随机器前进进行搂草。弧形齿搂草过程如图 1-2-4 所示。当弧形齿内集满草时，人工操纵，使搂耙升起，强制升到最高位置开始自由下落。在搂耙升起、下落过程中，被搂集的草在地面上放置成一个横向的草条。草条的断面积，取决于搂齿端升起、下落画过的轨迹，如图 1-2-4 所示。

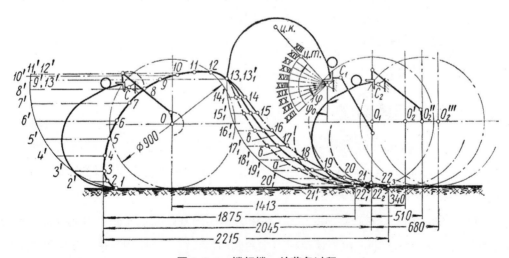

图 1-2-4　搂耙搂、放草条过程

2. 横向搂草机的特点

（1）搂集草条大小与草地的产草量无关。即搂集草条的大小，可以人工控制。搂集

41

一定大小的草条，在产量低的草地上，搂集的距离可长一些；在产量较高的草地上，搂集的距离可短一些，全由人工进行控制。

（2）搂集过程中，草条在弧形齿下面受挤压，所以草条内部结构不够蓬松，也不均匀，内部夹杂较多；整个草条的直线性也较差。

（3）搂集过程，需要释放草条时，人工进行控制。将搂耙强制升起，搂耙内的草靠其重量被放在地面上，搂耙强制升起及升起的搂耙靠自身重量自由摆动下落，恢复其搂草位置。因此，放置草条的宽度与搂耙摆动下落的时间有关，也即与机器前进的速度有关。即搂耙的下落时间一定，搂草机前进速度快，形成草条的宽度就大。为了获得一定宽度、整齐的草条，搂草机的前进速度受到了限制，所以，一般横向搂草机的前进工作速度低于 6 km/h。因此，横向搂草机一般采取增加搂幅来提高生产率。

（4）因为搂耙触地面搂草，搂耙拖着草条随机器在草茬上移动，因此搂草过程的损失较多；在有的草原上反映齿端触地划破草地对草原有破坏作用。

（5）搂草机每次放草条需要对接，所以在田间草条的直线性差。

综上，在国外进入机械化时期，美国等发达国家很快淘汰了横向搂草机，被侧向搂草机（Side delivery rakes）所取代。只有天然草原产草量低的割草场上，还保留着横向搂草机。

二、滚筒式搂草机（Cylinder rakes）

滚筒式搂草机属于侧向搂草机，其搂草器为滚筒结构，故称为滚筒搂草机。其分类全名可叫侧向滚筒式搂草机。也可直叫滚筒式搂草机。

滚筒式搂草机在美国多称为平行杆式搂草机（Paralleled-bar rake），是因为搂草机的滚筒是一个平行四杆结构，工作过程滚筒的齿杆作平行平面运动。

（一）早期的滚筒式搂草机

最早期，用人工耙子进行搂草。至 19 世纪早期，出现了畜力牵引的滚筒式搂草机（Early horse-drawn side-delivery rakes）。一般用两畜牵引，地轮驱动滚筒旋转进行搂集草条，一人乘坐操纵，如图 1-2-5 所示。

经过了很长时间，拖拉机应用之后，在畜力牵引的基础上，发展成为拖拉机驱动滚筒式搂草机。19 世纪早期以滚筒搂草机为主的侧向搂草机广泛应用，进一步发展成为现代滚筒式搂草机（modern side-delivery rakes）如图 1-2-6 所示。现代滚筒式搂草机结构更为完善，工作可靠，功能多，作业质量、速度高。

图 1-2-5　初期的侧向搂草机（畜力牵引滚筒式搂草机田间作业）

图 1-2-6　现代滚筒式侧向搂草机搂草情况

（二）滚筒式搂草机类别

　　滚筒式搂草机的基本结构是一个滚筒。滚筒轴与工作前进方向配成一定的夹角，称为前进角 α。滚筒由装置弹齿的齿杆组成，工作过程滚筒（齿杆）旋转，弹齿搂草。在搂草过程，被搂集的草从滚筒的尾端部流出，机器过后，在机器的一侧形成一个与前进方向一致的连续的草条。也就是草条配置在机器的侧面，所以滚筒式搂草机属于侧向搂草机。滚筒端面与齿杆间的夹角称为滚筒角 δ，根据滚筒角 δ 不同，滚筒式搂草机可分为两类：直角滚筒式搂草机和斜角滚筒搂草机。如图 1-2-7 所示。

直角滚筒式搂草机（Cylinder rake），其滚筒角 $\delta = 90°$，即齿杆与滚筒端面是垂直的。

斜角滚筒搂草机，其滚筒角 $\delta < 90°$，即齿杆与滚筒端面的夹角是斜角。斜角滚筒搂草机搂草结构是一个斜置的滚筒，实际上是一个平行四杆机构，滚筒上的齿杆固定着搂齿，在旋转过程中，作平行运动的搂齿进行搂草，所以也称之为平行四杆式搂草机（Paralleled-bar Rake）。滚筒有单列配置的和双列配置，滚筒搂草机有牵引式和悬挂式，如图 1-2-8 所示。

滚筒搂草的动力，有的是地轮驱动，有的是拖拉机的输出轴驱动。地轮驱动，能够使前进工作速度与滚筒搂齿的旋转速度的比例保持一定，即选择机器的前进工作速度灵活。拖拉机动力轴驱动，驱动力强，能够保证搂齿的搂草速度。

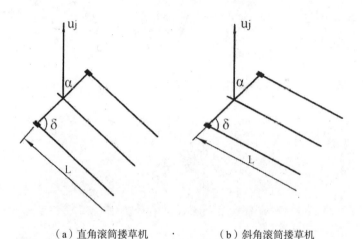

（a）直角滚筒搂草机　　　　（b）斜角滚筒搂草机

图 1-2-7　滚筒式搂草机分类

（a）单列牵引式　　　　　　　　　　（b）单列悬挂式

（c）双列牵引式

图 1-2-8 滚筒搂草机

（三）滚筒式搂草机的基本特点

（1）搂集的草条均匀蓬松，利于干燥；草条直线性好，利于后续机具的配套作业。

（2）形成草条的大小尺寸取决于草地的产量和机具的搂幅的宽度。也就是说，一定搂幅的搂草机搂集的草条大小取决于搂幅和草地的产量。搂幅一定，产量高形成的草条就大，产量低形成的草条就小。因此，侧向搂草机适用于产草量较高的草地。例如在一次收获亩产干草 300 kg 的草地上，搂集每米长 3 kg/m 草条，搂草机的搂幅接近 7 m。如果用搂幅 2.9 m 的搂草机，形成的草条小于 1.4 kg/m。而现代检拾压捆机配套的草条每米长一般在 2 ~ 3 kg。

（3）滚筒式搂草机可以搂草，移动草条，也可合并草条，也可以摊翻草（条）。

（四）美国滚筒（平行杆）式搂草机的应用和发展

（1）约翰迪尔 JOHN DEERE 公司生产的平行杆式搂草机系列，如图 1-2-9 所示。

650（悬挂）搂幅 2.74 m，机重 305 kg，拖拉机输出轴 PTO 驱动。

660（牵引）搂幅 2.59 m，机重 352 ~ 388 kg，地轮驱动滚筒。

670（牵引）搂幅 2.90 m，机重 359 ~ 395 kg，地轮驱动滚筒。

671（牵引）搂幅 2.90 m，机重 390 kg 地轮驱动滚筒。

该系列的搂草机，可以单列配置，也可双列配置为一个宽幅搂草机。前进作业速度一般为 7 ~ 8 km/h。

（2）纽荷兰 SPERRY NEW HOOLLAND 公司生产的 ROLABAR 系列搂草机 256、258、259、260 型均是平行杆式搂草机，工作速度 3.2 ~ 12 km/h，一般前进作业速度可达 8 km/h，如图 1-2-10 所示。

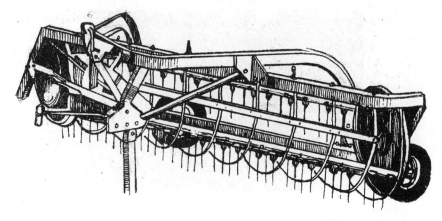

图 1-2-9　JOHN DEERE 公司的平行杆式搂草机

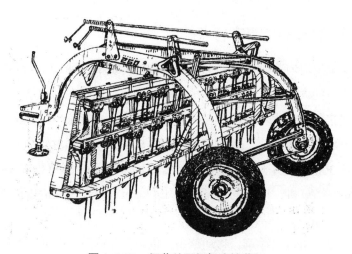

图 1-2-10　纽荷兰平行杆式搂草机

（3）关于平行杆式搂草机的幅宽。平行杆式搂草机的幅宽和其他侧向搂草机一样，与草地的产量和生产要求的草条大小有关。在一定产量的草地上，搂幅越宽，搂集草条越大。资料显示，平行杆搂草机的单列幅宽一般小于 3 m，如果配成双列，其楼幅为 6 m。搂草作业中，从始端搂齿抖动草，并将草沿齿杆（滚筒）方向传递到下一个搂齿，一直传递到滚筒的尾端的搂齿，由尾端的搂齿将草抖进侧面的草条中。显然滚筒的尾端的搂齿的负荷最重，滚筒长度方向的负荷不均匀，所以，滚筒长度（幅宽）也受到一定的限制。

（五）发展平行杆式搂草机的分析

1. 基本分析

美国生产滚筒式搂草机的公司，主要是 JOHN DEERE、SPERRY NEW HOLLAND、

IH、HESSTON等。1982年美国年产量达到了万台。为什么美国主要应用滚筒式搂草机，为什么主要发展平行杆式搂草机，其主要原因如下。

（1）滚筒式搂草机性能优，属于侧向搂草机，适用于美国割草地。即使产草量较高或不很高的割草地，都能很好地进行作业。搂集的草条质量高，工作可靠，机器的适应性强。

（2）滚筒式搂草机分为直角滚筒搂草机（δ=90°）和斜角滚筒式搂草机（δ＜90°），斜角滚筒式搂草机即平行杆式搂草机（Parallel Bar Rake）。滚筒搂草机的基本原理、功能相同。发展过程中，一般是先直角滚筒搂草机，而后平行杆式搂草机。一般平行杆式搂草机在滚筒结构上较直角滚筒式搂草机的滚筒结构紧凑，径向尺寸较小。另外，前苏联资料介绍的试验研究表明，平行杆式搂草机比直角滚筒搂草机的主要工作性能指标较优越。滚筒式搂草机主要指标包括搂集的草相对地面移动的最大距离 L_ζ；工作过程中搂草机前面堆积的草量 Q；如图 1-2-11 所示。

图中显示，① 滚筒角 δ=90°，搂集的草相对地面移动的最大距离 L_ζ 最大，且随滚筒角 δ 的减小而减小。L_ζ 减小，即搂集过程草相对地面移动的距离小，丢失就可能小。② 工作过程中，滚筒角 δ=90°时，搂草机前面堆积的草量 Q 最大，且随滚筒角 δ 的减小而减小；显然过程中 δ 小，Q 就小，过程中搂草机前面堆积的草愈少，损失的可能性就小。③ 在同一情况下，随滚筒角 δ 的减小，搂齿相对草的绝对速度 u_a 增加。如果 u_a 过高，也容易造成楼集过程损失，但是速度高，也利于搂草过程。

显然平行杆式搂草机较直角滚筒搂草机性能优越。这也可能是发展平行杆是搂草机的一个基本原因。

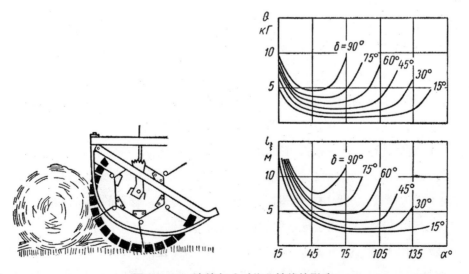

图 1-2-11　滚筒角 δ 对作业性能的影响

2. 对滚筒式搂草机的工作过程的进一步分析

为充分了解滚筒式搂草机，按比例作出平面图，如图 1-2-12 所示，对滚筒搂草机进行分析。

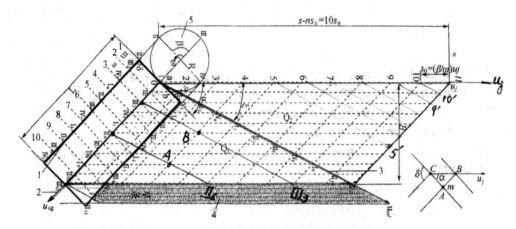

1- 滚筒；2- 滚筒轴（u_{cg} 方向）；3 搂集的草相对地面移动的距离 L_ζ 和方向 u_{cl}（平行四边形对角线）；
4- 形成的草条（图下面涂乌部分）；5- 滚筒在垂直面上的投影（为上面的圆端面）
L- 滚筒的长度；B- 滚筒的搂幅；S- 搂集过程中草移动最大距离 L_ζ 时间内机器前进的距离（$s=ns_0$）；
s_0- 搂齿拨动一次机器前进的距离（$s_0=\frac{\beta}{\omega}u_j$）；$\omega$- 滚筒转动的角速度；$u_j$- 机器前进的速度；
β- 齿杆角（图中 $\beta=90°$ 即滚筒有 4 根齿杆）；δ- 滚筒角（齿杆与滚筒端面夹角，图中 $\delta=90°$）；
ζ- 草相对地面移动方向 u_{cd} 与机器前进速度 u_j 间的夹角；m- 齿间距，即齿杆上相邻齿间的距离；
u_{cg}- 搂集过程中搂集的草相对齿杆移动速度；u_{cd}- 搂集过程中搂集的草相对地面移动的速度（与 L_ζ 同向）

图 1-2-12　滚筒搂草机的工作平面分析

　　注：直角滚筒（$\delta=90°$），滚筒沿机器前进方向 u_j 运动到图右端的位置（I_1- III_{11}）。搂草机掠过一个平行四边形面积（$Q1+Q2$）。

根据平面图对滚筒式搂草机搂集过程进行简要分析如下。

如平面图，设滚筒有 4 根齿杆，齿杆间夹角 β，每根齿杆上有 11 根搂齿，沿齿杆方向的齿间距 m。在滚筒上齿杆的配置如图。齿杆用 I、II、III、IV 表示（见滚筒圆端面及其投影）。齿杆上齿的排列，如 I 齿杆上齿的排列顺序为 I_1，I_2，I_3，… I_{10}。其他齿杆上齿的排列顺序相同，如 II_1，II_2，II_3，II_4，…… II_{11}，III_1，III_2，III_3，III_4，III_5，……III_{11}，IV_1，IV_2，IV_3，IV_4，IV_5，……IV_{11} 等。

（1）搂集全过程。设一根搂齿拨动一次，拨动 1 份草，这份草（用 Δq 表示）在搂集整个过程中，从滚筒的始端相对滚筒齿杆方向 L 移动进入草条。同时相对地面沿 L_ζ（u_{cl} 方向）进入草条；过程中，沿机器前进方向（u_j 方向）移动的距离为 S。

（2）拨动 1 份草 Δq 在搂集过程的移动分解如下。

● 拨动的 1 份草 Δq 相对于滚筒 L 方向的移动：设第一根齿杆的第一个齿 I_1 拨动一次；接续的是第二根齿杆上的第二个齿 II_2 拨动第二次；接续的是第三根齿杆上第 3

个齿 III_3 拨动第三次；接续的 IV_4 拨动第四次；接续的齿 I_5—II_6—III_7—IV_8—I_9—II_{10}—III_{11}（齿杆上最后一个齿），由 III_{11} 齿将这份草 Δq（连同 II_2，III_3，IV_4，I_5，II_6，III_7，IV_8，I_9，II_{10}，III_{11} 前面的草）沿滚筒轴方向一次拨进草条 4（这份草共拨被动了 11 次），即沿齿杆方向拨动了（11-1）=10 齿间距，等于齿杆长 $L=10\,m$。过程中 I_1 齿拨动 $1\Delta q$ 草，II_2 一次拨动 $2\Delta q$（包括由上一个齿拨来的 $1\Delta q$），III_3 齿一次拨动 $3\Delta q$，IV_4 拨动 $4\Delta q$，I_5 拨动 $5\Delta q$，II_6 拨动 $6\Delta q$，III_7 拨动 $7\Delta q$，IV_8 拨动 $8\Delta q$，I_9 拨动 $9\Delta q$，II_{10} 拨动 $10\Delta q$，III_{11} 将 11 份 Δq 的草在滚筒端部拨进草条 4。显然搂集的草相对滚筒移动为螺旋线；沿滚筒长度的齿的搂集负荷是不均匀的，滚筒尾端的搂齿负荷最重。

- 这份 Δq 草相对地面沿 L_ζ 方向（四边形对角线方向）移动了 $10\Delta L_\zeta$ 相对地面沿 L_ζ 方向进入草条。所以搂集过程中这份草移动的距离最长，故称 L_ζ 为最大移动距离。

- 这份草相对搂草机，在前进 S 方向移动了 $10\,S_0$ 才被搂进草条。

- 在第一根齿杆的 I_1 拨动一次后，第二根齿杆 II 进入第一根齿杆 I_1 位置，其 II_2 接续搂，然后是 III_3，IV_4，I_5，II_6，III_7，IV_8，I_9，II_{10}，III_{11} 进行搂。

（3）可从图中很容易量出或计算出搂集过程草相对地面移动的最大距离 $L_\zeta = B/\sin\zeta = L\sin(\alpha+\delta)/\sin\zeta$。

（4）可从图中很容易计算出搂集过程，搂草机前面堆积的草量 $Q_1 = BSq/2 = Q_2$。

（5）搂集过程中搂齿对草的冲击次数 $k = L/m$。即一份草从进入搂草机，到搂进草条，被搂齿拨动的次数。

（6）可以计算出来搂集草条每米长的重量 $q_{ct} = B \cdot q$（kg/m）。

其中，B—搂幅（m），q—草地每平方米的单位产草量（kg/m^2）。

（7）可从图中很容易计算出搂集过程中，平面内任一点（位置）草的移动情况。例如：①滚筒有 11 排齿，齿杆上第 1 个齿（即 I_1 齿）处的草需要拨动 11 次（等于滚筒齿的排数），才能进入了草条 4。②这份草相对地面移动的距离（路线）为 L_ζ。拨动 1 次相对地面移动距离 ΔL_ζ，全过程移动了（11-10）$\Delta L_\zeta = L_\zeta$，就进入了草条 4。③这份草拨动 1 次相对滚筒齿杆方向移动的距离为一个齿间距 m。沿齿杆移动了（11-1）=10 个齿间距 m，即移动的距离等于齿杆长度 L，被搂集的草才进入了草条 4。

（8）滚筒始端搂齿拨动的草量最少，将这份草拨到下一个齿，下一个齿拨动的是自己前面的 1 份草和上面齿传递过来的 1 份草，即要拨动 2 份草。尾端的搂齿，拨动的就是 11 份草，显然滚筒搂草机最后的一个齿的负荷繁重，沿滚筒长度方向负荷不均匀。滚筒越长负荷越重、越不均匀。上述分析包括对一台机器的分析计算；也包括对不同机器进行分析比较。

（9）机器过后，Q_1 内的草都先后被搂进了草条。显然滚筒始端的草最后被搂进草条，例如 I_1 处的草在草地上移动的距离最长为 L_ζ，滚筒末端的草仅搂一次就被搂进草条了，在草地上移动的距离最短。处在中间的草，如 II_6 处的草移动的距离为过 A 点的 $II_6—II_6$。

III_3 处的草，移动距离为过 B 点的 $III_3—III_3$。Q_1 面积内草在搂集过程中，其移动距离和方向都可以分析出来。

（10）Q_2 内的草，在前进方向处在滚筒始端的草（如图最上端 1—11 处），都被搂草机进行搂集，相对地面的移动的方向都与 L_ζ 平行。如移动的距离分别为 10—10'，9—9'，……5—5' 等，11 点搂齿刚接触草（将要拨动，还未拨动），而 1 点的草已经沿 L_ζ 进入了草条。1—11 位置的草以及在 Q_2 面内的移动情况都可以分析出来。由此，还可以进一步发掘平面图在搂草机设计、性能分析、指标评价中的潜力。

另外，在以往的分析中，一般文献认为，搂草过程的抖动次数 $k=L/m$ 多或移动最大距离 L_ζ 长，搂集过程中可能造成草的损失就大，k 多被列为不利因素。但是抖动和移动过程中对草的干燥效果是非常显著的，尤其对于含水分高草的抖动过程中的干燥效果则更为突出，且也利于草条的蓬松。所以，过程中抖动应该是利于搂草的重要因素。

三、指轮式搂草机

指轮式搂草机（Wheel-Rakes）是侧向搂草机中的一类重要机具，也是美国应用广泛的另一种搂草机。

美国除了生产、发展平行杆式搂草机同时，还发展指轮式搂草机。例如，JOHN DEERE、VERMEER、IH 等公司都有生产指轮式搂草机。

在欧洲一般也发展指轮式搂草机，也有一定优势。例如西德的 CLAAS、法国的 VICON、意大利伊诺罗斯等农机公司，都生产多种形式的指轮式搂草机。

（一）指轮式搂草机的结构

指轮式搂草机没有传动装置，仅有若干带有弹齿的指轮构成。指轮空套在机架上，机器前进时，靠地面对触地的弹齿摩擦力带动指轮旋转拨动地面上的草，进行搂草。相邻指轮接续拨动，将草传送到机器最末端的指轮排出，机器过后，在其侧面形成与机器前进方向一致的草条。搂草过程与滚筒搂草机过程相似，结构如图 1-2-13 所示。指轮式搂草机也可以移动和合并草条，如改变指轮的相对配置，还可以进行摊、翻草（条）。

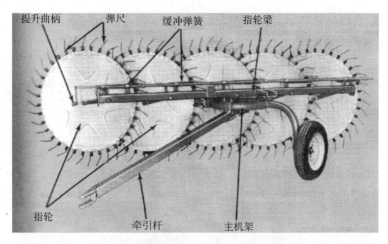

（a）JOHN DEEREDE Wheele-Rake（单列）

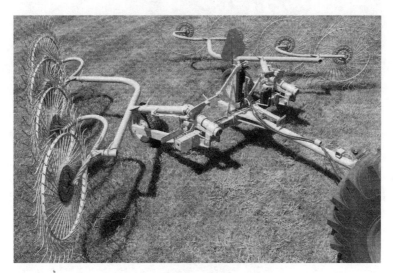

（b）VERMEER Rebel Rake（双列）

图 1-2-13　指轮式搂草机结构

（二）指轮式搂草机的特点及配置

1. 指轮式搂草机的特点

（1）是结构最简单的搂草机。

（2）搂草时搂齿触地，对地面有一定的压力。

（3）指轮式搂草机前进工作速度高。据介绍，其前进作业速度可达 10 km/h 以上。

（4）指轮式搂草机田间作业受风速的影响，风速较大时影响搂草作业。

（5）为了提高生产率，现代指轮式搂草机的搂幅已经增加到很大，例如意大利依诺罗斯指轮式搂草机单列幅宽已经达 10 m 以上。搂草过程尾端指轮的负荷最大，幅宽越大，作业过程的负荷越不均匀。所以指轮式搂草机的单排宽度也受到了限制。

2. 指轮式搂草机的配置

宽幅的指轮机的配置，一般是"V"形排列，也有一字形排列。同样搂幅条件下，"V"形排列，结构的受力情况较优。

意大利伊诺罗斯公司生产的 Easy Rake 牵引式"V"形指轮式搂草机系列，搂幅 8.36 m，运输宽度为 2.44 m，如图 1-2-14 所示。RT 13 Pulltype Rake 牵引式，一字排列，搂幅 7.6 m，运输宽度 1.9 m，如图 1-2-15 所示。

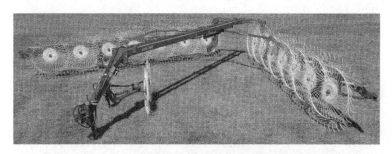

图 1-2-14　Easy Rake 牵引式"V"形排列指轮式搂草机

图 1-2-15　一字排列指轮式搂草机的配置

四、旋转式搂草机

（一）旋转式搂草机（Gyro Rakes）的基本类式

一类是转子式，转子上设置弹齿，转子高速度旋转时，弹齿张开搂草。弹齿有两个位置，弹齿张开后，其弹齿后倾 30° 是搂草工作位置，当弹齿处于径向时，是翻草位置。有单转子式和多转子式，例如，荷兰的 PZHaybob、KUHN、道依茨，意大利的赛特利斯（Sitres）公司都生产这种形式的搂草机，如图 1-12-16 所示。

另一类是搂耙旋转式搂草机，且现代应用较多。

1970年以后，最先在欧洲出现了搂耙旋转式搂草机，如CLAAS、VICON、FAHR公司生产的旋转搂草机最为突出。起初是单转子式，后来发展多转子式。

图1-12-16　意大利赛特利斯公司的HM360翻晒搂草机（转子转数180 r/min）

（二）旋转式搂草机的结构原理

应用较多的是搂耙旋转式搂草机，有单转子、两个转子和多转子式，基本组成是若干搂耙绕固定轴旋转进行搂草作业。固定轴上设固定凸轮装置如图1-2-17所示。

搂耙杆外端装有搂齿，搂耙绕立轴转动同时，在凸轮的控制下，绕立轴转动过程中搂耙的自身也进行一定范围的转动，可带动搂耙作上、下摆动，使搂耙完成搂草、放草等动作，如图1-2-18所示。

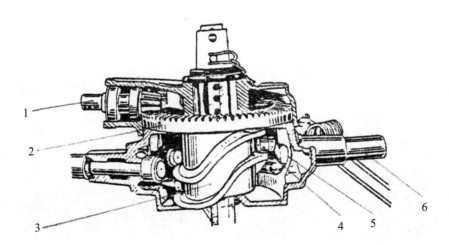

1- 动力传入锥齿轮轴；2- 旋转大锥齿轮；3- 固定凸轮；4- 曲柄上的滚轮；5- 曲柄；6- 旋转的搂耙杆

图1-2-17　固定凸轮

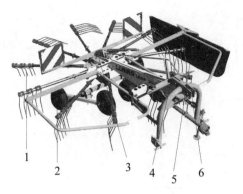
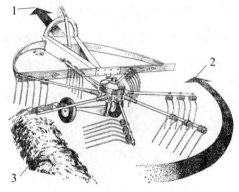

（a）结构 　　　　　　　　　　　（b）作业示意

1-搂齿；2-支承轮；3-凸轮箱；　　　　1-作业前进方向；2-搂耙旋转方向；
4-搂耙杆；5-挡屏；6-悬挂架　　　　　　　3-搂集的草条

图 1-2-18　旋转式搂草机

一般每个转子有若干搂耙杆，例如 6、8、10 个，搂耙杆外端一定长度内装有若干搂齿，搂齿间配成一定的距离，进行搂草；另一端通过曲柄滚轮在立式固定凸轮槽中滚动，绕立轴旋转运动使搂耙完成搂草动作。即使搂耙转动过程中，搂耙下落时，搂齿深入草层进行搂草，但齿端不触地（通常留 20 mm 间隙）。约转动半周，搂耙开始升起，搂齿摆起离开草层进行放草条。搂齿掠过草条后，搂耙又下落，搂齿又下摆深入草层进行搂草。在转动过程中，搂耙反复升起、下落，搂齿反复下落和上摆，完成搂草条等工作。

机器过后在其一侧形成一个与机器前进方向一致的草条。其田间作业情况见图 1-2-19。多转子搂耙式搂草机工作形式如图 1-2-20 所示。

旋转式搂草机，在西欧各国生产和应用都占优势。美国 JOHN、SPERRY NEW HOOLLAN 也生产旋转式搂草机。

（a）单转子搂草情况 　　　　　　（b）双转子搂草（草条在两个转子之间）

图 1-2-19　旋转式搂草机工作状态

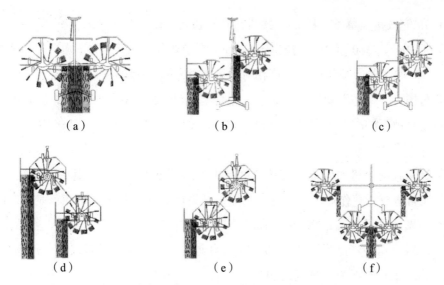

图 1-2-20　多转子旋转式搂草机作业配置形式

（三）旋转式搂草机的搂草过程分析

搂草机搂耙的运转和搂草情况如图 1-2-21 所示。

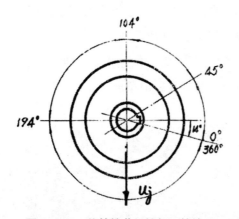

图 1-2-21　旋转搂草机搂耙运转情况

（1）前进方向 u_j，指向图的下方，搂耙逆时针旋转。作业过程中搂耙旋转受凸轮的控制，前半周（0°～194°）搂耙的搂齿摆到下方，齿端与地面接近，进行搂草，后半周搂耙的搂齿翘起释放草条。

（2）前半周转到 194°搂耙开始搂草，旋转到 0°时，搂齿开始翘起（搂耙杆自身向上转动 65°）开始释放草条，搂耙杆转到 45°，搂齿翘到最高位置，释放完草（草条）。一直到 104°搂齿都处于翘起状态（空程），搂齿在放置的草条上方滑过。从 104°起，搂齿由翘起位置又开始下摆，到 194°位置，搂齿已经摆到最下方，又开始搂草，一直到

360°（0°），完成搂集草条。从 0°，搂齿又开始翘起释放草。

（3）从 194°～ 360°（0°），搂齿转了 166°进行搂草，被搂集的草随搂齿在地面上移动；0°～ 45°期间搂齿翘起过程，草相对地面也存在着一定的移动；104°～ 194°位置，放置的草与搂齿间存在滑动，可认为这个过程草相对地面不移动。所以，旋转搂草机过程中搂草相对地面的移动距离还是比较长的。在搂草过程，被搂的草只有搂集移动，没有抖动。

（4）旋转式搂草机的搂耙的旋转速度与机器的前进工作速度，保持着一定的关系，机器才能正常进行搂草作业。对一定的机器，其最佳前进作业速度 u_j 应该是一定的。在使用中，如果 u_j 选择过高，将产生漏搂，如果 u_j 选择过低，将产生重搂，生产率降低。可是在大多数公司的产品说明中，都没有标明前进作业速度，或者仅给个范围，例如，8 ～ 12 km/h，其中也没有作任何说明。

五、其他型式搂草机械

（一）摊、翻草机

这种机械可以对割后草趟进行摊翻，也可以对草条进行摊、翻。适于产量高、潮湿草地收获干草。作业情况如图 1-2-22 所示。

在产量很高、气候潮湿地区，为了加速干燥，推出了摊、翻机，即对割后草进行摊、翻，或者对草条进行摊、翻。在一般草地，尤其天然草地不选用。

图 1-2-22　挪威格兰集团（Kverneland Group）8000 系列摊晒机作业情况

（二）其他型式搂草机

近代市场上，出现了一些新型式的搂草机械。

如图 1-2-23 所示，有一个弹齿捡拾滚筒和一个斜置拖板组成，幅宽 8.35 m，RT 1220

型幅宽 10.8 m。滚筒弹齿挑起、捡拾草趄，之后有斜置拖板将捡拾的草推移成草条。另外，一个斜置的螺旋输送器，也可以捡拾草趄，在前进中形成草条。

（a） （b）

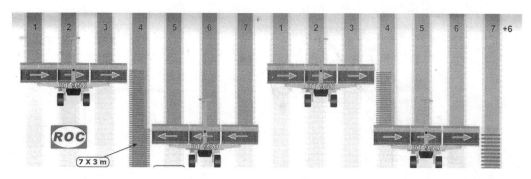

（c）

图 1-2-23 新型式的搂草机具

图 1-2-23 中，（a）为意大利 ROC 系列 RT 950 弹齿式捡拾搂草机。捡拾器将地面上的草捡拾起来，捡拾过程就等于将地面上的草趄挑起来，干燥效果明显。再有后面的斜置拖板，集成草条。（b）为 KRONE 螺旋推进器式搂草机。螺旋滚筒叶片对地面上的草趄进行捡拾，在捡拾过程将其推运至一侧形成草条。（c）为宽幅 RT 950 弹齿式捡拾搂草机工作情况。

这类搂草机还可以合并和移动草条，作业的情况，如图 1-2-24 所示。

图 1-2-24 合并和移动草条情况

六、对搂草机的技术再分析

搂草机的基本功能有二。一是收集功能：将散铺于地面上的草收集成草条，要求损失要少，草条规整且直线性好。二是利于干燥：将散铺地面上的草楼成利于干燥的草条，减少日光暴晒。要求草条蓬松、均匀；过程中尽量与空气充分接触。所以无论什么样的搂草机，都应该充分满足上面的基本要求。也就是说上面的要求是评定搂草机性能的基本要求。对此进行进一步的分析如下。

（1）横向搂草机作业过程的基本特征为过程间断，形不成物料流，草条不连续；侧向搂草机作业的基本特征是连续的物料流，草条连续。显然从搂草机的基本功能分析，侧向搂草机连续物料流的过程为优。

（2）侧向搂草机中，滚筒式搂草机和指轮式搂草机的搂草过程相似，过程中搂齿一直对草进行抖动，一直将其从搂草机的一端抖动到草条中。从搂草机的始端抖动到其尾端，过程中形成一个流畅的抖动的草流。抖动可以使搂集的草充分与空气接触，扰动草附近的气流，利于其水分的散失，尤其对于含水分较高的草，干燥效果更为明显；连续抖动草流一般不会产生拥堵，应该说是较佳的搂草过程。尤其滚筒式搂草机。滚筒式搂草机，搂齿不与地面接触，而指轮式搂草机搂齿触地，且与地面有一定的压力。

（3）在搂草机的技术要求中，搂齿对草的冲击（实际上是抖动）次数多，草移动的距离长，都视为搂草机的不良指标。在搂集较干燥的豆科草，冲击和移动的距离长，确实容易造成干草叶和花序的损失。但是对加速干燥，均匀干燥也是赋予搂草机的一个重要功能。如果从加速干燥、均匀干燥的要求来分析，在搂集过程中，抖动和草的移动过程，尤其抖动过程特别利于鲜草的水分散失和均匀干燥。例如滚筒搂草机，指轮式搂草机搂齿对草的抖动过程，对湿草水分的散失效果明显。对水分高的草，例如禾本科草，抖动和移动过程也不一定会增加损失。因此对搂草机的技术要求和技术分析，应该根据作业对象和作业要求进行实际深入分析和评价。

（4）旋转搂草机与横向搂草机的搂草过程基本相似，都是搂齿推压松散草在地面上移动的过程。可以认为，旋转式搂草机的搂草干燥功能，不如滚筒搂草机。

第三章 割草压扁机械

第一节 割草压扁机械的发展过程及其分类

一、割草压扁机的发展过程

在干草收获过程中，田间干燥缓慢，营养损失严重。尤其苜蓿草收获过程中，其粗硬茎秆干燥困难，待其干燥时，其叶、花序已经干裂、脱落。田间自然干燥缓慢，营养损失严重已经发展成为干草收获中的一个基本矛盾。

20世纪50年代在美国出现了干草压扁机（Hay Conditioner）。所谓压扁，即对割后青鲜草进行压扁，将茎秆压扁、挤裂，有利于内部水分的散失，加速干燥，减少过程损失。之前的干草收获过程，仅是靠草植物的自然生理的干燥过程。压扁过程的出现，使干草的收获开始涉及对植株的调质处理。

最早期的干草压扁机如图1-3-1所示，一对相对转动的压扁辊从地面上捡拾割下的草趟、压扁，将压扁后的草抛放在田间，形成一个松散的草条。压扁、抛送的过程以及形成的蓬松草条，都可加速植株的干燥，减少干草质量损失。压扁过程的应用，推动了干草压扁机的发展。

初期一般干草压扁机的幅宽是根据当时一般割草机切割器的宽度确定的，一般为7英尺及9英尺，结构比较简单。图1-3-2为JOHN DEERE公司生产的干草压扁机。

1964年美国SPERRY NEW HOLAND公司开始生产一种新机具—割草压扁机（Mower-Conditioner）461型。即将割草机（Mower）、干草压扁机（Hay Conditioner）结合起来的新机具。所谓割草压扁，即将草割下；接续将割下的青鲜茎秆压扁、挤裂；并将其铺放成蓬松的草条。加快内部水分的蒸发和散失，缩短田间干燥时间，减少干草质量损失，提高干草质量。压扁机能加速干燥的基本点在于对茎秆的压扁和形成蓬松的草条。压扁效果如图1-3-3所示。

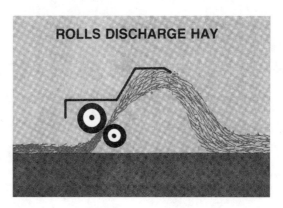

（a）辊式压扁过程

（b）干草压扁机作业过程

图 1-3-1　初期的干草压扁机及压扁过程

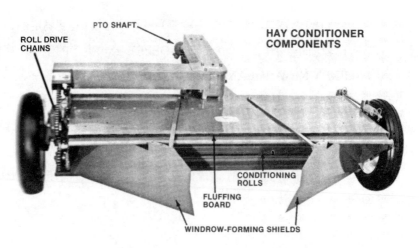

Roll Drive Chains- 压扁辊传动链；PTO Shaft- 动力传动轴；Conditioning Rolls- 压扁辊；
Fluffing Board- 蓬松板；Windrow-Forming Shields- 集条板

图 1-3-2　干草压扁机的一般结构

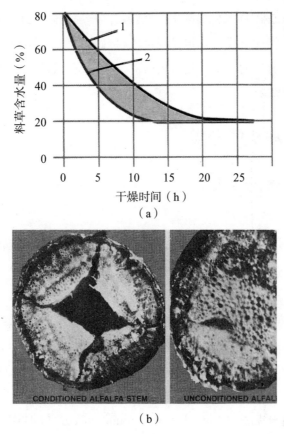

（a）为 Kuhn 公司给出的压扁效果曲线 2 与不压扁的曲线 1 水分散失效果对比；
（b）为 John Deere 提供的压扁（左）压扁苜蓿草茎秆（右）不压扁的苜蓿草茎秆

图 1-3-3　压扁效果

所谓割草压扁机，即田间作业，一次通过，完成割草、压扁、集条等 3 项作业。这样的机具，一出现很快受到干草收获市场的欢迎。至 1967 年，美国已经有 12 家公司生产了 16 种型号的割草压扁机，年产量达 15 468 台。1975 年达 35 539 台。1980 年为 38 071 台。至此，美国已经有十余家公司生产几十个型号的割草压扁机，例如，约翰迪尔（JOHN DEERE）、新荷兰 SPERRY NEW HOOLLAND，惠式顿 HESSTON、万国 IH、福格森 MF 等。美国生产的割草压扁机都是压扁辊式的。其中有牵引式的，割幅有 7、9、12 英尺。自走式的有 16、18、20、24 英尺的割台。MF 公司生产的还有 30 英尺（9.2 m）的割台。一般前进的作业速度为 7 ～ 8 km/h。

同时期欧洲的割草压扁机是在旋转式割草机的基础上发展起来的。压扁器多为旋转冲击式的。20 世纪 70 年代末，英国农业工程研究院（NIAE）研究的割草压扁机推广非常快。进入 1980 年代已有二十几家公司生产几十个商品型号的割草压扁机。例如，克拉斯 CLAAS、维康 VICON、多农 TAARUP、库恩 KUHN、福格森 MF、新荷兰

SPERRY NEW HOOLLAND 等公司都生产旋转式割草扁机。至此，在国际范围内割草压扁机已经发展成为包括往复式、旋转式割草压扁机的一个大类的收获机械。已经成为结构完善、性能可佳的典型的草资源收获机械群。其规模、数量、机型、技术和影响可以与当代谷物收获机相媲美。

二、割草压扁机的分类

（一）割草压扁机分类法

1. 一级分类

根据切割器的形式分类，有往复式切割器的割草压扁机和旋转式切割器的割草压扁机。

2. 二级分类

（1）往复式割草压扁机（CutterbarMower Conditioners），根据其收割台的结构不同又可分成 3 类：①螺旋输送器割草压扁机（Auger platform-Conditioner）；②带式输送器割草压扁机（Draper Platform Mower Conditioner）；③无输送器式或全割幅割草压扁机（Full-width Mower Conditioner）。

（2）旋转式割草压扁机（Rotary Mower Conditioner），根据其切割器的结构形式不同分成两类：①滚筒割草压扁机（Cylinder Mower Conditioner）；②盘状割草压扁机（Disk Mower Conditioner）。

割草压扁机的基本分类如图 1-3-4 所示。

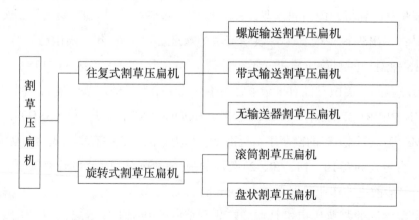

图 1-3-4　割草压扁机的基本分类

3. 其他分类

各类型式的割草压扁机中，也有悬挂式和牵引式和自走形式的割草压扁机之分。

（二）割草压扁机在国外的名称

（1）最初的压扁过程是压扁辊压扁（Condition），所以叫割草压扁机（Mower-Conditioner）。后来出现了其他形式的压扁调质器，但还是沿用最初"压扁"（Condition）的叫法，所以不论什么样的压扁调质过程（压扁、冲击等）的割草压扁机都叫割草压扁机（Mower-Conditioner）。为此，我国试图将割草压扁机改称割草调制机，但是英文名称依然是Mower-Conditioner。市场上依然叫作割草压扁机。

（2）在往复式割草压扁机中，牵引式的或自走式的一般都称谓割草压扁机（Mower-Conditioner）。大型（Larger Capacity）割草压扁机，例如自走式割草压扁机，在美国也叫Windrower，与一般谷物割晒机同名，或称割草铺条机。在此还是翻译成割草压扁机为最到位。

（3）在国外，往复切割器压扁机和旋转切割器压扁机一般情况下都叫割草压扁机（Mower-Conditioner）。如果需要，可用文字进一步加以说明。例如往复式割草压扁机，文字上可以称为Cutterbar-mower-Conditioner；旋转式割草压扁机可称为Rotary-mower-Conditioner。

第二节　现代割草压扁机

一、往复式割草压扁机

往复式割草压扁机（Cutterbarmower-Conditioners）是往复式切割器（同往复式割草机）、辊式压扁器、蓬松和集条装置结合而成。

（一）无专门输送器割草压扁机

无专门输送器式割草压扁机是结构最简单的割草压扁机，也称为全割幅割草压扁机（Full-width Mower Conditioner），多为牵引式的。其压扁器长度与其割幅基本相等，所以称为全割幅压扁机。此类割草压扁机割草和压扁器中间没有专门的输送器，因此也可叫无输送器式割草压扁机。例如JOHN DEERE生产的1207型（割幅7英尺）、1209型（割幅9英尺），据介绍是为了潮湿、产量较高的苜蓿草地放小草条设计的，所以割幅较小，且压扁器的长度约等于割幅的宽度。其结构如图1-3-5所示。采用凸轮式拨禾轮（Pickup Reel），转速63～80 r/min，割幅9英尺（2.77 m），切割器往复行程数1 650 r/min，前进工作速度可达 7 ～ 8 km/h，压扁辊的转数 643 r/min，直径 205 mm。

HESSTON、SPERRY NEW HOLLAND 等公司也有类似产品。例如 SPERRY NEW HOLLAND 公司的 479、495 与此类似。

至 1980 年，牵引式的割草压扁机新产品中结构总体上发生了较大的变化，将传动箱、压扁器和集条装置总成与浮动割台分离，直接固定在机架上，减轻割台的浮动重量，改善了割台的仿形性能。

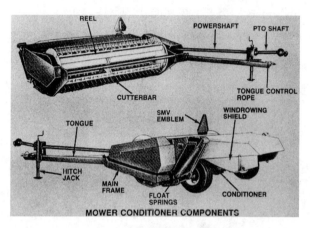

（a）结构图

（上）REEL- 拨禾轮；POWERSHAFT- 传动轴；PTO SHAFT- 动力轴；TONGUE CONTROL ROPE- 控制索；CUTTERBAR- 切割器

（下）TONGUE- 牵引杆；SMV EMBLEM- 标志；WINDROWING SHIELD- 集草罩；CONDITIONER-压扁器；FLOAT SPRINGS- 缓冲弹簧；MAIN FRAME- 主架；HITCH JACK- 支架

（b）牵引式割草压扁机作业情况

图 1-3-5　JOHN DEERE 公司的全割幅割草压扁机

最基本结构为：往复式切割器（Cutter Bar）、凸轮式拨禾轮（Reel）、辊式压扁器（Conditioner）、集条板（Windrowing Shield）等。

（二）带式输送器割草压扁机

20世纪50年代，曾使用自走式谷物割晒机（Windrower）收获干草，60年代中期，在其上加上压扁器发展成为输送带式割草压扁机（Draper Platform Mower Conditioner）。图1-3-6为JOHN DEERE 800型割草压扁机，一般为偏心拨禾轮、带式输送器（Draper）。将割下的草铺放于输送带上，横向输送，在放草窗口将草放在地面上。再由压扁辊捡拾压扁、抛向蓬松板和集条板将其铺放成蓬松的草条。其工艺过程如图1-3-6（b）。窗口可放置在收割台中间，也可放置在靠一侧。田间作业时，机器来回作业，也可以实现放置的两个草条靠近，接近一个宽草条。因为带式输送器，易受气候的影响，使用、调整麻烦，其输送能力不如螺旋数送器。现代已经少用。

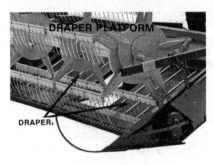 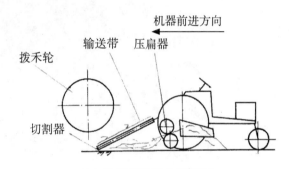

（a）带式割草压扁机　　　　　　　　（b）带式割草压扁机结构配置

DRAPER PLATFORM-输送带割台；DRAPER-输送带

图1-3-6　JOHN DEERE公司生产的带式割草压扁机

（三）螺旋输送器割草压扁机

螺旋输送器割草压扁机（Auger platform-Conditioner），割下的草主要是靠螺旋输送器传送。螺旋输送器，也叫搅龙，在割草压扁机上应用普遍。

1. 自走式割草压扁机

自走式割草压扁机（Self-Propelled Windrowers），一般割幅都在12英尺以上。其结构包括往复式切割器、凸轮式拨禾轮（pickup reel）、螺旋输送器、辊式压扁器、自走地盘。图1-3-7（a）是JOHN DEERE 2280割草压扁机。底盘上的发动机（ENGINE）的输出轴进入传动箱，通过齿轮分别驱动左、右液压泵—马达组合（hydrostaticpump-andmotor），通过最后传动驱动行走轮（Drive Wheels）。从割台动力传动皮带分别传动割台上的压扁辊，切割器和拨禾轮。70 hp 发动机，现代空调、密封式驾驶室。同一个底盘，可配 230 型螺旋输送器割台。往复式切割器，割刀往复次数 1 450 r/min，无连杆摆环传动。凸轮式拨禾轮，转数 36 ～ 81 r/min。30 型压扁器，长度 1.5 m，压扁辊的直径 197 mm，转数 862 r/min。配上 120 型输送带割台，切割器相同，偏心拨禾轮，转数相同。帆布袋输送器，20 型压扁器，辊长度 1.5 m，直径 197 mm，转数 727 r/min 等，就成为上面的输送带割台割草压扁机。田间作业情况如图 1-3-7（b）所示。

HESSTON、SPERRY NEW HOLLAND 等公司也有类似产品。如图 1-3-8 HESSTON 的 6200 型、6400 型自走式割草压扁机。

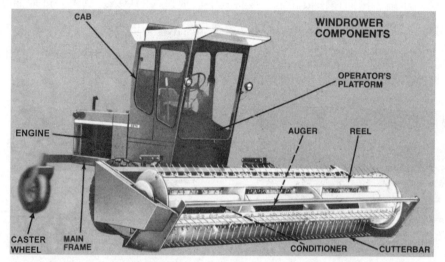

CAB- 驾驶室；WINDROWER COMPONENTS- 主体压扁机；OPERATOR'S PLATFORM- 操作台；
ENGINE- 发动机；CASTER WHEEL- 后轮；MAIN FRAME- 主机架；CUTTERBAR- 往复式切割器；
CONDITIONER- 压扁辊；AUGER- 螺旋输送器；REEL- 凸轮式拨禾轮

（a）结构图

（b）田间作业

WINDROWER BACK AND FORTH- 割草压扁机在田间来回作业

图 1-3-7　JOHN DEERE 自走式割草压扁机（Self-Propelled Windrowers）

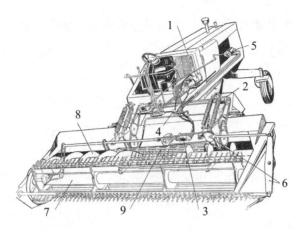

1- 驱动割台的液压泵；2- 割台的传动轴；3- 液压马达；4- 液压阀；5- 液压泵；
6- 压扁器传动；7- 拨禾轮；8- 输送器；9- 压扁辊

图 1-3-8　HESSTON 6600 自走式割草压扁机

一些公司生产的现代自走式割草压扁机，往往是同一个底盘，可以很快地更换割台，例如 HESSTONSC 生产的 6200、6400 型自走式割草压扁机，可将螺旋输送器割台，更换为带式输送器割台；或更换为不带压扁器的带式割台收获谷物；或更换为不带压扁器的螺旋割台，用于收获谷物种子和蔬菜种子铺成条铺，或者更换不同割幅的割台等。

2. 高拱梁式割草压扁机

高拱梁式割草压扁机（Pull-Type Windrowers）是国外较新形式的一种牵引式割草压扁机。

在国外叫液压驱动牵引式割草压扁机 Hydraulic-Driven Pull-Type Windrower。JOHN、DEERE、HESSTON、SPERRY NEW HOLLAND 等公司都生产这样的产品。如图 1-3-9 所示。

图 1-3-9　高拱梁式割草压扁机田间作业情况

JOHN DEERE 在 1976—1980 年，已经更新了 1214 型、1380 型。新生产了 1424 型割草压扁机。其割刀的行程数达 1 820 r/min，前进工作速度突破 10 km/h。SPERRY NEW

HOLAND 公司 1982 年也推出了新机型高拱梁割草压扁机取代了 1014 型。

高拱梁式割草压扁机基本结构，多为螺旋输送器型式，也有全割幅型式。拖拉机通过高拱梁牵引工作。其工作部件的动力，是由一个柱塞式液压泵装在拖拉机的动力输出轴（PTO）上，将动力传递给安装在割草压扁机上的液压马达，通过液压马达驱动拨禾轮、切割器、螺旋输送器和压扁器等。其割幅 12 英尺，四杆式凸轮式拨禾轮（pickup reel），压扁辊长 1.5 m，下辊直径 203 mm，转速 830 r/min，上辊直径 170 mm，转速 970 r/min。这样的机器，田间作业过程的转向，靠牵引梁后端的转向油缸，田间转弯灵活、方便。SPEERY NEW HOLLAND 等也生产类似的机器。基本结构如图 1-3-10 所示。

不带输送器的所谓全割幅型式高拱梁牵引式割草压扁机，除了螺旋输送器和压扁辊较短之外，基本结构与螺旋输送器型式割草压扁机结构形式基本相同，如图 1-3-11 所示。

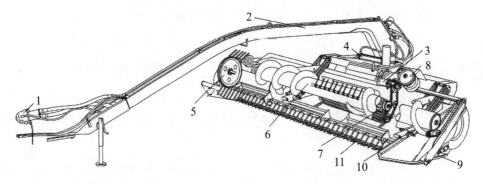

1- 动力为连接在拖拉机输出轴上的液压泵；2- 高拱牵引梁；3- 液压马达；4- 转向油缸；5- 拨禾轮；
6- 螺旋输送器；7- 压扁辊；8- 压扁辊的传动装置；9- 切割器的托板；10- 割台挂接系统；11- 切割器

图 1-3-10 螺旋输送器型式高拱梁牵引式割草压扁机

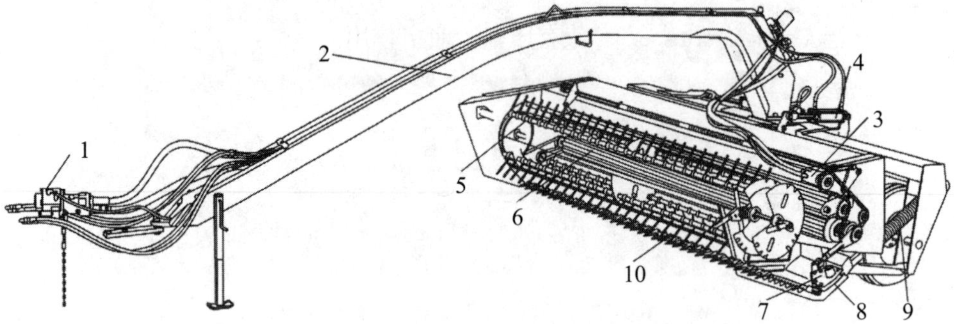

1- 液压泵（动力）；2- 高拱牵引梁；3- 液压马达；4- 牵引转向油缸；5- 拨禾轮；
6- 压扁器；7- 切割器传动装置；8- 切割器托板；9- 割台挂接系统；10- 切割器

图 1-3-11 全割幅型式高拱梁牵引式割草压扁机

（四）现代往复式割草压扁机的基本特点

1. 性　能

现代往复式割草机是现代往复式割草压扁机的基础，割刀往复次数，一般高于 1 450 r/min，有的达 1 800 r/min 以上，前进作业速度一般 8 km/h，有的达 10 km/h 以上。

2. 拔禾轮

一般（除输送带割台式外）均采用凸轮式拔禾轮（pickup reel），不同于谷物收获机上的一般偏心拔禾轮。

所谓凸轮式拔禾轮其结构是：一个圆柱滚筒，圆柱面上有若干根齿杆组成，齿杆上装置弹齿，齿杆一端通过曲柄连接一个滚轮，滚轮置于凸轮槽中，凸轮装在拔禾轮一侧是固定的。滚筒齿杆随滚筒轴旋转，齿杆一端曲柄的滚轮在凸轮槽中滚动，齿杆上的弹齿的运动轨迹受滚筒的圆周运动和凸轮的形状的控制，所以弹齿的运动轨迹与一般拔禾轮弹齿的运动轨迹有差别。其工作轨迹如同凸轮式捡拾器反向旋转的轨迹。该轨迹还可以进行调节，适应草地生长情况。其基本特点是其直径小，位置低；工作过程弹齿端可以最接近螺旋输送器，缩短了割台的尺寸，减少作业过程割台堆积和损失。机器前进过程中弹齿端的轨迹决定了拔禾轮的工作性能。

3. 压扁器

往复式割草压扁机的压扁器都是辊式压扁器。

（1）压扁辊（crusher），典型压扁辊的表面无突起。对茎秆主要进行压扁，将茎秆压扁、挤劈，适于收获茂密的草类，如苜蓿草等。

（2）曲折辊（Crimper），辊表面为齿形，上下辊对转，相似一对啮合的齿轮。抓取能力强，挤压强烈，但不均匀，似挛缩曲折，对叶花有一定的破坏作用，适于禾本科草等。压扁后，茎秆局部挤压、曲折，使铺放的草条蓬松。

（3）复合辊 Crusher-crimper）。兼有压扁、曲折作用。

三种形式的压扁辊有钢质的，橡胶材料供选择。橡胶辊耐磨，噪声低，成本高。

在全割幅压扁机上，压扁辊的长度接近切割器的割幅，在宽幅割草压扁机上，压扁辊的长度都小于割幅，基本上标准化，例如 JOHN DEERE 生产的宽幅割草压扁机，130 型压扁辊长度为 1.5 m，可用于不同割幅的割草压扁机。3 种压扁辊的形式，如图 1-3-12 所示。

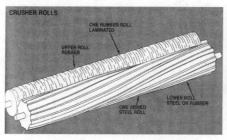
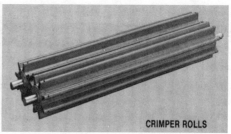

（a）压扁辊（crusher）的基本型式　　　　（b）曲折辊（Crimper）的基本形式

CRUSHER ROLLS-压扁辊；UPPER ROLL RUBBER-涂橡胶层上辊；ONE RUBBER ROLL LAMINATED-压层橡胶辊；LOWER ROLL STEEL OR RUBBER-钢制或橡胶下辊；ONE RIBBED STEEL ROLL-带沟槽的钢辊

（c）橡胶复合辊（Crusher-crimper）的基本形式

图 1-3-12　压扁辊的形式

（4）压扁辊的配置。上下辊的配置主要考虑的因素：攫取物料的可靠性、方便性。使割下或输送器送来的草应能顺利、可靠地进入压扁辊进行压扁；压扁后的草，能最佳的抛送给蓬松板，形成蓬松的草条。其配置有两种型式：一是垂直配置，上下辊在同一条垂直线上。二是倾斜配置，上下辊不在同一条垂直线上，上辊向前偏一定角度。在往复式割草压扁机上多为倾斜配置。不论全割幅、螺旋输送器、带式输送器的割草压扁机基本上都是倾斜配置的。如图 1-3-13 所示。

（a）垂直配置　　　　　　　（b）倾斜配置

图 1-3-13　往复式割草压扁机压扁辊的配置

二、旋转式割草压扁机

（一）旋转式割草压扁机的发展

压扁辊式的压扁机，早在1930年就出现了。到了1950年，压扁器与往复式割草机结合产生了往复式割草压扁机。而旋转式割草压扁机（Rotary Mower Conditioner）上的甩叉式或冲击式压扁器是在旋转式割草机上发展起来的。之前并没有单独的甩叉式或冲击式的压扁机（调质器）。旋转式割草机在其对高产草资源的收割过程，加速干燥，防止草的损坏的问题比往复式割草机更为突出。所以，在旋转式割草机上，要求采取相应的压扁装置和措施更为迫切。于是冲击、摩擦、指耙式压扁装置陆续出现了，这就是所谓的甩叉式或冲击式压扁器。后来发展成为多种形式的压扁器。旋转式割草压扁机上压扁器的发展，是在旋转割草机上发展起来的。它与旋转割草机的发展趋势相一致。在其发展过程中，先将辊式压扁器移置到旋转式割草机上。逐步形成了形式多样的现代旋转式割草压扁机。同样，旋转式割草压扁机与旋转式割草机，都是先在欧洲发展起来的，其应用很快遍布全世界。

在旋转式割草压扁机的发展过程中，压扁器型式变化比较突出。除了压扁辊式，还有叶片冲击式、指耙式、型齿式、梳刷式等。不论什么样的压扁器，其主要功能，除了压扁、曲折之外，还有冲击、摩擦作用等。将茎秆击破、表皮擦伤、击成曲折状，加速内部水分的蒸发，并铺放成蓬松的草条，利于加速干燥。

不同压扁器的作用往往是以某一种作用为主，兼有其他作用。可根据草资源的种类、特性选择压扁器型式。

（二）滚筒式割草压扁机

所谓滚筒式割草压扁机（Cylinder Mower Conditioner），就是滚筒式割草机上装置压扁器。割草的过程对草茎秆进行压扁，并铺成蓬松的草条。

例如CLAAS公司生产的滚筒式割草压扁机CORTO 3100 N型，如图1-3-14所示，4个滚筒，割幅3.04 m，每个滚筒上3个刀片，48个压扁叉齿，转速900 r/min的压扁器。

其结构特点如下。

（1）牵引装置。图1-3-15包括与拖拉机连接架、与拖拉机输出轴连接的传动轴及其连接的齿轮箱、牵引梁。

（2）压扁器与切割器，如图1-3-16所示。

1- 与拖拉机的挂接架；2- 活节动力轴；3- 牵引梁（动力传动轴在其中）；4- 护罩；5- 提升油缸

图 1-3-14　CLAAS CORTO 公司生产的 3100N 型牵引式滚筒式割草压扁机

（a）与拖拉机联接端　　　　　（b）牵引梁与割草压扁机的联接端

1- 与拖拉机的挂接架；2- 动力传动轴；3- 传动箱；4- 牵引梁

图 1-3-15　3100N 的牵引、传动装置

（a）滚筒切割器　　　　　　（b）叉齿式压扁器

1- 锥齿轮传动；2- 滚筒；3- 刀片；4- 托板　　1- 叉齿式压扁器；2- 滚筒刀盘

图 1-3-16　3100N 牵引式滚筒割草压扁机

（三）盘状割草压扁机

在现代旋转式割草压扁机发展过程中，盘状割草压扁机（Disk Mower Conditioner）的变化最为丰富，压扁器形式多种多样是其基本变化之一。

1. 冲击式压扁器

最初型式，也是最普通的压扁器——冲击式压扁器。如图 1-3-17 所示，铰接的叶片绕水平轴高速度旋转。冲击割后草。对其产生冲击、摩擦作用，使割后植株破裂、擦伤、曲折，有利于内部水分的蒸发，铺放的草条蓬松，有利于干燥。例如，VICON KM165 割草压扁机。5 个刀盘，割幅 1.65 m，刀盘转数 3 000 r/min，前进作业速度可达 10 km/h，配套拖拉机 36.8 hp。VICON 生产的 CM 系列旋转式割草机配上辊式压扁器就是 KM 系列割草压扁机，配上冲击式压扁器，就是 OM 系列的割草压扁机，且有悬挂式和牵引式的机型。其他公司也是如此。

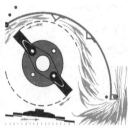

（a）压扁器与切割器　　（b）压扁器对割后草进行冲击　　　　　（c）割草压扁机

图 1-3-17　VICON 公司生产的 OM165 割草压扁机

2. 压扁辊式压扁器

CM 系列旋转式割草机配上辊式压扁器就是 KM 系列割草压扁机。如图 1-3-18 所示。

图中，左图为压扁辊与切割器相对位置，中图为上下压扁辊的配置，右图为压扁辊式旋转式割草压扁机的一般结构型式。

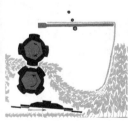

1- 活节轴；2- 挂结横梁；3- 切割器；4- 压扁器

图 1-3-18　VICON KM165 割草压扁机

3. 叉齿式压扁器

叉齿式（Y-tined）压扁器是在旋转的滚筒上，固定着各种形状刚性齿形，主要作用靠高速旋转的齿可插入草丛中，进行刚性冲击、摩擦茎秆，击破茎秆，摩擦擦破茎秆表皮加快内部水分的蒸发。冲击使曲折茎秆，利于放置疏松的草条，利于干燥。叉齿式压扁器能够减少叶花损失，加速茎秆的干燥。图 1-3-19 为多农公司（TAARUP）的 305、306、307 型割草压扁机。

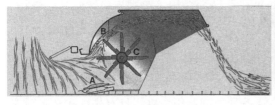

（a）叉齿式压扁器的作业情况　　　　　（b）叉齿式压扁器的结构

图 1-3-19　多农公司的割草压扁机

4. 动定指式压扁器

动定指式压扁器也称动耙式压扁器。即旋转的滚筒上有若干根动耙指和罩上的定耙指，靠耙指冲击茎秆和与定耙指的摩擦。动耙指有多种型式，耙指安装形式不同，以适应不同的草植株和植株的生长情况。如图 1-3-20 所示。其生产过程特点为：①割后草根基部首先卷入动耙的冲击过程有利于茎秆的干燥和均匀干燥。②茎秆表面角质层在动耙的作用下开始破裂。③茎秆甩过定耙后，定耙将其表皮向下剥开。④定耙收起，压扁作用减轻。

1- 与拖拉机的挂接架；2- 活接传动轴；3- 中间机架；4- 传动轴；5- 内刀盘结构；6- 刀片；
7- 动指压扁器；8- 刀梁；9- 外刀盘结构；10- 护罩；11- 主机架；12- 缓冲弹簧

图 1-3-20　KUHN 公司的 FC 202 动指式割草压扁机

KUHN 公司生产的 FC202 割草压扁机，配置了动定指式压扁器。有 4 个刀盘，割幅 2 m，辊转数 810 r/min，动力 40 kW。FC202R 割草压扁机配置了辊式压扁，4 个刀盘，割幅 2 m。动耙转数 1 000 r/min，动力 40 kW。

压扁器为动、定指耙压扁器，定耙齿面可以反转。割后茎秆根部先被卷入动、定耙

（A），茎秆的表皮在摩擦作用下破裂（B），茎秆过定耙时被剥皮（C），定耙收起，压扁作用轻微（D）。如图 1-3-21 所示。

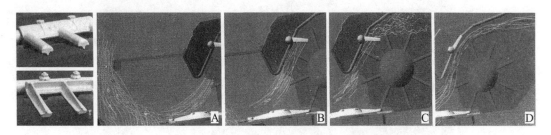

图 1-3-21　动、定指式压扁器结构及功能

5. 梳刷式压扁器

其压扁器为尼龙梳刷，对茎秆施以强烈、全面地梳刷作用，能将其表皮刷破，利于茎秆的内部水分蒸发。

6. 旋转割草压扁机的压扁系统的标识

系统标识如图 1-3-22 所示。

（1）甩叉式或冲击式等压扁器称为 OM 旋转割草压扁机系统。主要对茎秆进行冲击、摩擦、梳刷等作用。

（2）辊式压扁器的称为 KM 旋转割草压扁系统。主要对茎秆进行压扁、曲折等作用。

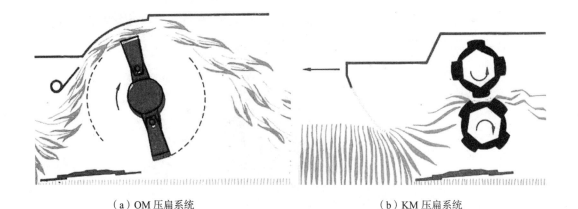

（a）OM 压扁系统　　　　　　　　　　（b）KM 压扁系统

图 1-3-22　旋转割草压扁机的压扁系统

（四）割草压扁机田间的一般作业形式

以库恩公司（KUHN）割草压扁机作业形式为例，如图 1-3-23 所示。

（a）一般悬挂式割草压扁机的作业形式

（b）一般牵引式割草压扁机的作业形式

图 1-3-23　割草压扁机几种作业形式

（五）旋转式割草压扁机悬挂装置的发展

20 世纪 70 年代以来，旋转式割草压扁机的悬挂装置的变化比较大，应该是现代旋转式割草压扁机发展的特征之一。

1. 传统悬挂装置

旋转式割草压扁机的悬挂装置是在转式割草机悬挂装置的基础上演变而来。一般旋转式割草机的悬挂装置与维康公司（VICON）CM165 割草机的悬挂装置相似，可为一般的悬挂装置的结构，即普通三点悬挂装置、一根可调节的拉杆、一根缓冲弹簧和一个简单的连接切割器的机架直接与切割器刀梁连接，如图 1-3-24 所示。

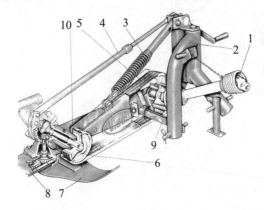

1- 活节传动轴；2- 三点悬挂架；3- 缓冲弹簧；4- 拉杆；5- 传动皮带；6- 皮带轮；
7- 内拖板；8- 刀梁；9- 安全牵引拉杆；10- 简单的机架

图 1-3-24　一般的悬挂装置结构型式

2. 悬挂装置的变化

（1）旋转式割草压扁机一般都有强有力的横架。为适应割草压扁机的重量比割草机重，一般在其机架上部设置强有力的横梁。如图 1-3-25 所示，有与悬挂架直接连接的横梁将割草压扁机架与拖拉机坚固的连接在一起。伊诺诺斯（ENOROSSI）和世达尔（STAR）公司的悬挂式割草压扁机的悬挂机架的型式都具有相似的特征，如图 1-3-26 所示。

（2）带加强挂接梁的悬挂装置结构，其悬挂能力强。最大的结构变化是与拖拉机的悬挂架和割草压扁机的连接架的强有力，相应的传动轴的方向为横方向。如图 1-3-27 所示。

（3）悬挂架的双弹簧减震器保持对当面的最佳压力，同时能够确保合适的切割高度，例如意大利伊诺罗斯（ENOROSSI）的系列悬挂割草压扁机，如图 1-3-28 所示。

（a）VICON 公司的 OM165 悬挂割草压扁机

（b）KUHN 公司的 FC202 系列割草压扁机

图 1-3-25　悬挂割草压扁机

（a）ENOROSSI 公司的割草压扁机

（b）STAR 公司的割草压扁机

图 1-3-26　旋转式割草压扁机的悬挂装置

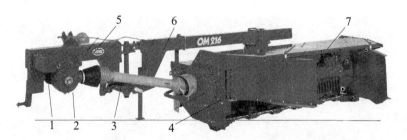

1- 接拖拉机来的活节传动轴；2- 小齿轮箱；3- 传动压扁机的活节轴；4- 齿轮箱；
5- 与拖拉机的挂结架；6- 与割草压扁机的加强连接的横梁；7- 机罩

图 1-3-27　VICON 公司生产的割草压扁机的悬挂装置

图 1-3-28　伊诺诺斯公司系列悬挂割草压扁机的悬挂装置

（六）旋转式割草压扁机牵引装置

1. 一般的牵引装置

即传统的牵引装置形式，如多农（TAARUP）公司的 TSC2100 割草压扁机最有代表性，与拖拉机连接的牵引架、活节传动轴平行方向，为一般早期的牵引装置，如图 1-3-29 所示。

图 1-3-29　TAARUP 公司的 TSC2100 割草压扁机

2. 伊诺罗斯公司生产的系列牵引式割草压扁机的牵引装置

牵引架及与牵引架连接的强有力的框型机架。具有与拖拉机两点连接的牵引挂接架，以及传动轴的形式等特点，如图 1-3-30 所示。

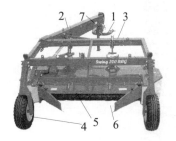

（a）一般结构 　　　　　　　（b）牵引架 　　　　　　（c）牵引框架与割草压扁机架

1- 与拖拉机的挂接；2- 牵引；3- 框型机架；4- 行走轮；5- 压扁辊；6- 集条板；7- 传动轴

图 1-3-30　伊诺诺斯公司生产的系列牵引式割草压扁机

3. SWING系列牵引装置

现代草压扁机出现了功能牵引装置，例如 KUHN 公司的 Gyeodine 铰接牵引，如图 1-3-31 所示的 FC250/FC300 割草压扁机。田间作业转弯情况如图 1-3-32 所示。

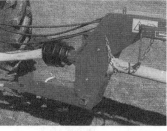

（a）两种输出动力轴转数 　　　（b）标准直接牵引 　　　　（c）Gyeodine 铰接牵引

（540、1 000 r/min）

（d）牵引架全貌

图 1-3-31　KUHN 公司割草压扁机 Gyeodine 铰接牵引

A- 助转弯油缸

图 1-3-32　KUHN 公司生产的 FC250 草压田间作业转弯

4. 全回转联接装置

VICON 公司的全回转联接装置如图 1-3-33 所示。

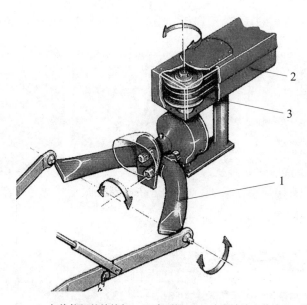

1- 与拖拉机的挂接架；2- 牵引梁；3- 动力轴输出传动

图 1-3-33　VICON 公司的全回转联接装置

第四章　垛草机械与散草垛

第一节　传统的干草收集与垛草机

传统垛草机的发展经历了以下的历程。

1. 干草垛与畜力垛草机

早期的干草生产，一般是在田间将散草收集起来运回饲养点垛成松草垛（STACKES）进行储存。在国外，一般是在饲养点附近垛草垛。最原始的垛草垛是用人工工具进行，草垛没有固定的形状、大小要求，后来发展使用最简单的畜力垛草机（STACKERS）。例如，美国早期的畜力垛草机，如图 1-4-1 所示。

2. 动力垛草机

经畜力垛草机后，继而发展为动力的垛草机，如图 1-4-2 所示，悬挂式垛草机在垛松散草垛。

3. 畜力田间干草集装车

用干草集装车将田间散草收集起来，运回利用或垛成草垛进行储存。

田间干草捡拾集装车工作情况如图 1-4-3 所示。

4. 初期储存干草的方法

初期储存干草工作是很繁杂的，一般是在饲养区附近垛成草垛备饲用，如图 1-4-4 所示。

5. 动力驱动的田间散草捡拾车

在前苏联，采用大容积的捡拾车，在田间捡拾草条，将草抛送至大容积的车厢中。其车厢有的容积可达 60 m³。一般集满车厢后，将散草运回堆垛储存或应用。如图 1-4-5 所示。

前苏联也曾使用捡拾装载车进行田间收集散草装车、运回储存垛草垛，图 1-4-6 为前苏联的捡拾装载机 СПГ-0.5。

推举式垛草机，如图 1-4-7 推举式垛草机 СНУ-0.5，一次可推举 500 kg，最大推举高度 5 m。可以在田间捡拾草条进行垛草垛，也可以就地垛草垛。

上述传统垛散草垛费工时，强度大；而散草垛也只能就地储存、应用，不能进入流通市场。后来集垛机的出现，使草垛产品可以在一定的范围内进行流动，可视为散草收获的一次突破。

图 1-4-1　畜力垛草机

图 1-4-2　动力垛草机

图 1-4-3　畜力牵引捡拾集装车（GROUND-DRIVEN HAY LOADER）

图 1-4-4　初始储存干草的方法

图 1-4-5　散草捡拾车

图 1-4-6　捡拾装载机（СПГ-0.5 型）

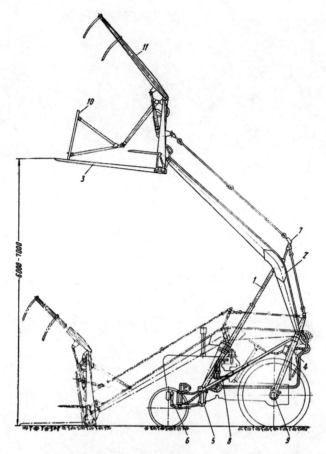

1- 推杆；2- 机臂；3- 叉齿；4- 油缸；5- 支架；6- 液压元件；7- 拉索；8- 支架；9- 支轴；10- 推草器；11- 披罩

图 1-4-7   推举式垛草机 СНУ-0.5

第二节   新型集垛机及现代集草垛

一、现代集垛机的出现

1960 年后，各类干草收获机械发展的过程中，在传统散草的收集、垛草的基础上，出现了田间集垛机械和集草垛。这种集垛机，可以在田间捡拾草条、在田间集成成型的草垛，且草垛可以整垛进行搬运。

之后相继有多家公司生产 14 种不同型号的这样的集垛机，如图 1-4-8 所示。这类机具将捡拾起来的草送入车厢，车厢的顶棚像一个活塞，可以上下移动，对车厢中的松散草进行压缩致密，集满车厢后，车厢后壁打开，靠车底板上的输送链板将车厢内的草卸下，在地面上形成一个形状一定、密度较高的草垛。

1970年以后，美国和加拿大对此类垛草机进行了完善并开始进行生产推广。

例如，美国的惠斯顿（HESSTON）公司，推出的捡拾压缩集垛机，该机每人每天可集垛干草100 t。

加拿大麦基兄弟公司（MCKEE BROS）推出的另一种型式的集垛机，为非压缩式，捡拾草条同时对草进行切碎，碎草段靠气力抛送至车厢中，可称为气力配置式集垛机（Air-Pack Stack Wagon），如图1-4-9所示。

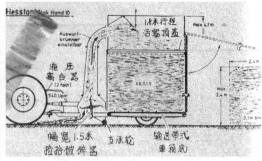

（a）机器在田间作业情况　　　　　（b）作业工艺过程示意

图1-4-8　HESSTON公司生产的Stack-Hand10型捡拾集垛机

图1-4-9　MCKEE公司生产的STACKAN-WAGON集垛机

二、现代集垛机及集草垛

（一）现代集垛机的发展过程

至20世纪60年代末，国际市场上，主要是北美洲有两种型式的集垛机。一种型式为HESSTON和JOHN DEERE两家公司生产的机械压缩式（Mechanically-compressed）

集垛机。一种为 MCKEE 公司生产的容积气力配置式（Air-packed）集垛机。

集垛机开始生产时为圆形集垛机（Circular stack wagon），如图 1-4-10 所示。其集垛过程为：捡拾器捡拾的草由出料筒（Discharge duct）抛至旋转的笼状栅栏（Rotatink Cage）内，并有辊筒（Packing drum）对其施压，提高其密度。栅状栏集满之后，笼状栅栏倾斜使集成的草垛触地，机器前进，草垛被卸在地面上，形成一个圆形草垛。

集垛机后来进一步发展成方形集垛机。方形集垛机可堆集矩形方草垛，有机械压缩式和非压缩式两类型式。

（a）旋转圆形集垛机　　　　　　　（b）集垛机卸垛

图 1-4-10　圆形集垛机

（二）现代集垛机系统

1. 机械压缩式集垛机（Mechanical-press stacker）

主要是 HESSTON、JOHN DEER 公司生产的压缩式集垛机。例如，JOHN DEER 公司生产的压缩式集垛机 Stack Wagon 有 3 个型号，即 100 型、200 型、300 型，如图 1-4-11 所示。基本结构如图 1-4-12 所示。

连枷式捡拾器（Flail Pickup）捡拾草条通过输送筒（Discharge Duct）抛送进车厢，通过活门（Deflector）可以调节抛送的远近、方向。车厢填满后，油缸（Canopy Compression Cylinder）驱动上盖棚（Canopy）进行压缩。需压缩若干次，集满了车厢后，打开上、下后门（Upper Rear Door，Lower Rear Door），接通底板上的卸垛输送链（Unloading Drag-Chain）卸草垛。为保持草垛的形态完整，待草垛与地面接触时，启动集垛机前进，其前进速度应与输送链的速度相等。其 200 型集垛机卸垛情况如图 1-4-13 所示。

HESSTON 公司生产的压缩集垛机与上述的集垛机形式相同，仅其压缩结构不同。如 SH30A 的压缩结构为液压油缸通过扇形齿板推动其盖棚进行压缩。

图 1-4-11　JOHN DEER 公司生产的 3 种型号的集垛机

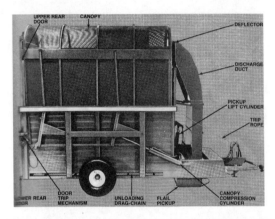

UPPER REAR DOOR- 上后门；CANOPY- 盖棚；DEFLECTOR- 调节活门；DISCHARGE DUCT- 送料筒；
PICKUP LIFT CYLINDER- 捡拾器提升油缸；TRIP ROPE- 钢丝索；
CANOPY COMPRESSION CYLINDER- 盖棚压缩油缸；FLAIL PICKUP- 连枷式捡拾器；
UNLOADING DRAG-CHAIN- 卸车链；DOOR TRIP MECHANISM- 门释放器；LOWER REAR DOOR- 下后门

图 1-4-12　JOHN DEERE 公司生产的集垛机结构

图 1-4-13　压缩集垛机卸垛情况

2. 压缩集垛运垛车

为了完整的对草垛进行装运，专门配有草垛运输车（Stack—Mover）。如图 1-4-14
所示。

此运输车的床面，有液压提升油缸（Hydraulic lift cylider）控制车面水平或倾斜位置。床面上有输送链（Drag chains with spikes）进行装垛和卸垛。车床尾端有捡拾辊（Pick up rollers）和浮动胶辊（Flotation rollers）。有液压马达（Hydraulic Motor）驱动输送链。可以完整地对草垛进行装卸。

其装车过程：运垛车倾斜对准草垛底部后，启动车面上的输送链，输送链向车上拖拉草垛，同时向后倒车，倒车的速度与输送链向上的速度相等。待草垛完整地装在车面上时，由油缸将车面持平，就可以进行道路运输了。装垛情况如图 1-4-15、图 1-4-16 所示。

卸垛情况如图 1-4-17 所示。卸垛过程与装垛过程相反，与集垛机卸垛过程情况相同。

运输情况如图 1-4-18 所示。

为了保证运输过程草垛不散落，往往在运垛车上加上不同形式的披罩（Stack, Clamp）紧箍草垛，如图 1-4-19 所示。

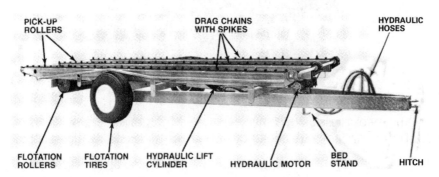

PICK-UP ROLLERS- 拴拾辊；DRAG CHAINS WITH SPIKES- 输送链；HYDRAULIC HOSES- 液压油管；
HITCH- 牵引钩；BED STAND- 车床支撑；HYDRAULIC MOTOR- 液压马达；
HYDRAULIC LIFT CYLINDER- 液压油缸；FLOTATION TIRES- 胶轮；FLOTATION ROLLERS- 浮动胶辊

图 1-4-14　集垛运垛车

图 1-4-15　运垛车倾斜浮动辊（Flotation Rollers）着地并挤压草垛底部开始进行装垛过程

图 1-4-16　草垛装进运输车床

图 1-4-17　卸草垛情况

图 1-4-18　运草垛情况

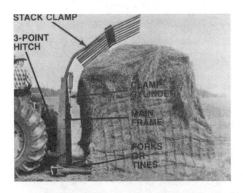

STACK CLAMP- 草垛披罩；CLAMP CYLINDER- 披罩油缸；
MAIN FRAME- 主支架；FORKS OR TINES- 集草叉

图 1-4-19　运输过程加披罩（紧箍装置）

3. 非压缩式集垛机

非压缩式集垛机，采取切碎及碎段气力配置方式，提高其密度，可称为气力配置式垛草机（Sir-pack Stack Wagon）。

MCKEE 公司生产的此类型的集垛机，按其容积可分为 3 t、6 t、8 t 和 10 t。如图 1-4-20 是 MCKEE 公司 Stack "N" Mover Model 800，与青饲料捡拾、切碎收获机联合作业情况。其组成包括弹齿式捡拾器、螺旋输送器、切碎、抛送器和车厢，车厢底部有卸垛装置。其结构组成部分如图 1-4-21 所示。

图 1-4-20　MCKEE 公司的 Stack "N" Mover Model 800

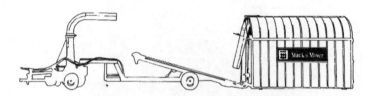

图 1-4-21　Stack "N" Mover Mode 的组成

4. 运垛车

与非压缩式集垛机配套的也有运垛车（Air-packstack wagon）。

这种垛草机生产的为切碎段的散草垛。碎草的草垛利于饲喂，气力配置的密度也较高，其密度不比压缩集垛的密度低。生产的草垛可由配套的草垛运输车装运。如图 1-4-22 所示。

图 1-4-22　碎草垛装运车

（三）集草垛的特点及意义

现代集草垛（压缩和非压缩），密度较高，可达 100 kg/m^3 可以整垛装运，可以进行道路运输；适于较近范围内生产应用。草垛的内部结构配置均匀，草垛在野外储存，具一定的防雨雪的浸蚀能力。草垛在田间进行较长期的储存，亦能保持其质量。如图 1-4-23 所示，在草地野外放置两年，草垛的外部虽然变色，但其内部依然保持绿的颜色，仍是高质量的干草。所以集垛机的出现被称为松散垛草突破性的进展。集草垛在不加遮盖储存中，一般松散草垛与压缩集垛截面如图 1-4-24 所示，其中断面线为因雨雪水浸入损坏部分。在现代草产品生产中，由于草捆产品的发展，其储存、运用处理的方便性、流通性，商品性都比集草垛优越，因而集垛机在市场上已经很少了。但是，它在干草收获中的特点和意义还是很突出的。

（a）在一般风沙天气中巍然不动　　　　（b）雨淋中雨水难以浸入

图 1-4-23　在恶劣条件下的草垛

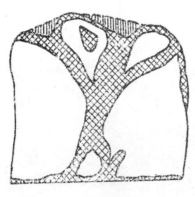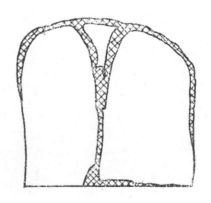

（a）非压缩草垛　　　　　　　　（b）压缩集草垛

图 1-4-24　两类草垛储存中损坏情况

第五章　捡拾压捆机械

第一节　捡拾压捆机

一、捡拾压捆机的出现与方草捆

1813 年，美国的一个手工捆草机（Hand-Opearted Baler）获得了专利。1870 年美国的迪德里克（Dederick）制造了第一台固定式压捆机。1920 年固定式的捆草机（Stationary Balers）得到了应用。这种捆草机为矩形断面草捆室，曲柄传动活塞进行压缩，人工用金属丝进行捆束，如图 1-5-1 所示。但是这样的捆草机消耗工时多，需要两个人用手工捆束金属丝，人工劳动艰苦。1924 年德国克拉斯公司（CLAAS）发明了鸟嘴式打结器，并获专利。到 1930 年，有几家公司在固定式捆草机上配置上捡拾器，可以进行田间作业，预示着捡拾压捆机（Pick up Balers）将要面市。基于 1930—1940 年自动捆绳（Twine-tie）机构和自动金属丝打捆（Wrie-tie）机构的被应用，1940 年美国新荷兰公司（SPERRY NEW HOLLAND CO.）最先开发了捡拾压捆机（Pick-up Baler）。当时捡拾压捆机的田间生产情况如图 1-5-2 所示，在捡拾压捆机后面牵引着草捆拖车，人工收集草捆。一直到 1960 年捡拾压捆机发展到新高峰，进入了现代捡拾压捆机的发展时期。

图 1-5-1　初期的固定式压捆机

图 1-5-2　初期的捡拾压捆机田间作业

由于方草捆（Bale）体积小，密度大，处理方便，解决了松散草生产过程储存、运输、处理的基本矛盾。使干草产品第一次进入流通领域，受到了市场的青睐，所以捡拾压捆机得到了广泛的应用。至 1960 年，在全球范围内捡拾压捆机发展到最新高峰。据资料介绍，当时美国草捆生产量已经占到干草产品的 90%，法国、前西德、英国、前苏联的草捆产量也占到或接近干草获量的 60% ～ 70%。时至今日，虽然圆草捆和其他成型草产品有了很大的发展，但是在草产品生产中，方草捆（Bale）草产品之王的地位，依然无可替代。

从捡拾压捆机发展时序上看，首先是人工捆束的固定式压捆机；然后发展到田间作业的自动捆束（绳捆或金属丝捆）的捡拾压捆机（Pick-up Baler），一直发展到现代捡拾压捆机。

捡拾压捆机生产的草捆为较小尺寸的长方体状，一般称为小方草捆（Bale）。因此，生产小方草捆（Rectangular Bale）的捆草机，称为方草捆捆草机（Baler）。后来出现的圆草捆机、大方捆机，在此基础上加上定语，称为圆草捆（Round Bale）、圆草捆机（Round Baler）、大方草捆（Big Bale）、大方草捆机或大方草捆捡拾压捆机（Big Baler）等。

在发展过程中，方草捆（Bale）体积较小，其尺寸、重量便于处理和应用。国际上方草捆的尺寸已经规范化。小方草捆断面积一般为：356 mm × 408 mm、356 mm × 456 mm、408 mm × 458 mm、408 mm × 584 mm 等。草捆长度以保持其稳定性为准，一般大于其断面宽度的 1.5 倍，使用中可进行调节。

传承下来，所说的小方草捆，就是"Bale"，小方草捆压捆机就是"Baler"，小方草捆捡拾压捆机就称为"Pick-up Baler"。除此而外的草捆、草捆机都采用前面加定语的方法进行命名。

从捡拾压捆机的应用到现代捡拾压捆机的发展过程中，捡拾压捆机的发展主要表现在压缩原理的进展、基本参量的变化、结构的变化和完善以及新技术的应用和进步等。

二、压捆机压缩基本原理

捡拾压捆机的压缩过程属于"开式压缩"（Open-Compressing）过程，如图 1-5-3 所示。所谓"开式压缩"，即在没有堵头的通道内进行的压缩，压缩的阻力主要来源于压缩物料与压缩室的摩擦力和草物料内部摩擦力及其变形阻力等。喂入一次压缩成一个厚度为 δ 的草片，并将草片向后推移一个距离 δ，将草片推至行程 S 之外；再喂入，再压缩一个草片 δ，继续向后推移。直至将若干草片捆成草捆，草捆陆续从草捆室端部排出，即成为压缩产品—方草捆（Bale）。

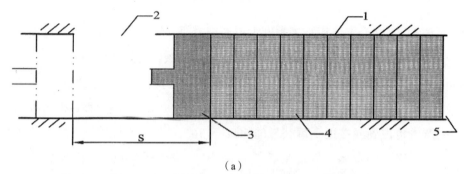

（a）

1- 草捆室；2- 喂入口；3- 压缩活塞；4- 压缩成的草片；5- 草捆出口；S- 压缩行程

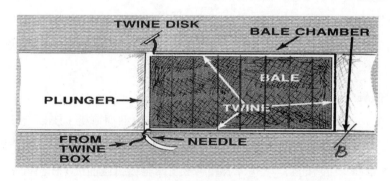

（b）

草捆室中，若干草片被捆绳围绕将要捆成草捆。B 为上一个捆束成的草捆
TWINE DISK- 夹绳盘；BALE CHAMBER- 草捆室；NEEDLE- 穿针；
FROM TWINE BOX- 来自绳捆箱；PLUNGER- 活塞

图 1-5-3　开式压缩过程示意

1. 开式压缩是一个连续生产过程

开式压缩的全过程是一个连续的生产过程。连续喂入物料，连续压缩，产品连续排出。

装入物料后，活塞移动施力于物料，推动物料移动；物料的体积（空间）逐渐减小，其密度逐渐增加；相应活塞上的压力逐渐增加；当压缩力达到一定（最大）值 P_{max}

时，压缩草片密度也达到最大值 γ_{max}。此时被压缩成的草片开始随活塞一同移动，直至活塞行程终点，草片被推移至活塞行程之外。压缩行程之后，草捆室内连续积满了很多草片，根据需要，将草捆室中若干草片捆束起来形成一个草捆；草捆从草捆室尾端陆续排出，形成一个草捆产品（Bale）。所以捡拾压捆机在田间作业是一个连续的生产过程。

2. 喂入一次，压缩成一个草片

喂入一次，活塞压缩一次，活塞直接将松散的物料压缩形成一个密实的草片，并将草片推移到压缩行程之外。推移的距离等于一个草片的厚度 δ。

$$\delta = \frac{G}{(a \times b)\, \gamma_{max}}$$

式中：G 是活塞的一次压缩（喂入）量，称为喂入量（kg）；$a \times b$ 是草捆室的断面积；γ_{max} 是草片的（最大）压缩密度。

显然，压缩密度一定时，喂入量 G 大，草片的厚度 δ 就大，其压缩行程内活塞压缩的距离就小。压缩密度与喂入量没有直接关系。例如喂入量 $G_1 = 1\ kg$，$G_2 = 2\ kg$ 时的压缩最大密度分别是 $\gamma_{2max} = \dfrac{G_2}{ab\delta_4}$（kg/m³）；$\gamma_{1max} = \dfrac{G_1}{ab\delta_2}$（kg/m³），在一定的条件下，可认为压缩密度相同，压缩力相近，如图 1-5-4 所示。OA_2 是喂入量 G_2（$G_2 = 2\ kg$）的压缩力曲线，压缩草片厚度 δ_4。OA_1 是喂入量 G_1（$G_1 = 1\ kg$）的压缩力曲线，压缩草片厚度 δ_2。

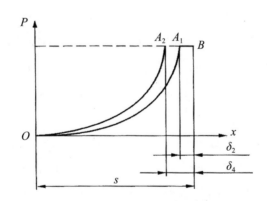

图 1-5-4　喂入量 G、压缩力 P、草片的厚度 δ 的关系

若干草片捆成一个草捆，草捆从草捆室的端部陆续排出，即为捡拾压捆机生产的草捆产品，但是草捆产品的密度，已经不同于活塞压缩时的密度 γ_{max} 了。

三、捡拾压捆机基本参量的发展变化

捡拾压捆机的过程中的基本参量，例如，压缩频率 n，喂入量 G，压缩密度 γ，压缩行程 S，前进工作速度 u_j，生产率 Q 等基本参量的变化表征了捡拾压捆机的演变过程和相应的发展水平。

（一）活塞压缩频率 n 呈增加的趋势

1. 压缩频率

所谓压缩频率，就是每分钟活塞压缩的次数。显然在相同条件下，压缩频率越高，机器的生产率就越高；另外，压缩频率高，对机器的结构、传动系、动力、安全等的要求都要相应提高，所以压缩频率高低也是捡拾压捆机发展的一个重要标志。

开始时，捡拾压捆草机压频率一般低于 60 r/min。1960 年开始大多为 80 r/min；进入 20 世纪 70 年代以后，变化比较大。有的已经达到 90 r/min、100 r/min，最高的已经达到 110 r/min（WELGER 公司的产品），但是多数还是在 100 r/min 以内。

2. 现代捡拾压捆机压缩频率 n 变化情况

（1）不同的公司生产的捡拾压捆机，一般是相同压缩室断面积（行程）其压缩频率 n 一般不同。例如：

- John Deere 346 型捡拾压捆机的压缩室

断面积 356 mm × 457 mm（s=762 mm），n=80 r/min。

- Massey-Ferguson 公司

MF120、MF20 型捡拾压捆机，压缩室断面积 356 mm × 457 mm，n=75 r/min。

- Sperry New Holland 公司

575、565 型捡拾压捆机，压缩室断面积 360 mm × 460 mm，n=79 r/min。

570、575、580 型捡拾压捆机压缩室断面积 360 mm × 460 mm，n=93 r/min。

290 型捡拾压捆机压缩室断面积 407 mm × 457 mm（s=826 mm），n=93 r/min。

- Welger 公司

AP53 型捡拾压捆机，压缩室断面积 0.36 mm × 0.48 mm，压缩频率 n=100 r/min。

AP-52 型捡拾压捆机压缩室断面积 357 mm × 457 mm，n=100 r/min。

AP630 型捡拾压捆机压缩室断面积 360 mm × 490 mm，n=93 r/min。

- Claas 公司

MARKANT65 型捡拾压捆机压缩室断面积 360 mm × 460 mm，n=93 r/min。

MARKANT40 型捡拾压捆机压缩室断面积 360 mm × 460 mm，n=105 r/min。

MARKANT50 型捡拾压捆机压缩室断面积 360 mm × 460 mm，n=75 r/min。

（2）捡拾压捆机的压缩频率 n，存在随压缩室断面积的增加而降低的趋势。例如：

- John Deere 捡拾压捆机

336 型压缩室断面积 356 mm × 457 mm（s=762 mm），n=80 r/min。

420 型压缩室断面积 350 mm × 450 mm（s=762 mm），n=75 r/min。

● Massey—Ferguson 捡拾压捆机 MF20 型

压缩室断面积 357 mm × 457 mm，$n=80$ r/min。

● Sperry New Holland 捡拾压捆机

273 型压缩室断面积 357 mm × 407 mm（$s=762$ mm），$n=66$ r/min。

276 型压缩室断面积 357 mm × 407 mm（$s=762$ mm），$n=79$ r/min。

283 型压缩室断面积 407 mm × 458 mm（$s=762$ mm），$n=93$ r/min。

290 型压缩室断面积 407 mm × 584 mm（$s=762$ mm），$n=80$ r/min。

● Welger 捡拾压捆机

AP41 型压缩室断面积 300 mm × 400 mm，$n=110$ r/min。

AP42 型压缩室断面积 300 mm × 400 mm，$n=110$ r/min。

AP41 型压缩室断面积 310 mm × 410 mm，$n=100$ r/min。

AP52 型压缩室断面积 360 mm × 460 mm，$n=110$ r/min。

AP53 型压缩室断面积 360 mm × 460 mm，$n=100$ r/min。

AP61 型压缩室断面积 360 mm × 480 mm，$n=90$ r/min。

AP71 型压缩室断面积 400 mm × 480 mm，$n=80$ r/min。

● Claas 公司

Markant 型捡拾压捆机压缩室断面积 360 mm × 460 mm，$n=90$ r/min。

国际上捡拾压捆机压缩频率 n 的特点有：一是每个公司的捡拾压捆机，一般随压缩室断面积的增加而压缩频率 n 减小。二是为了提高捡拾压捆机的生产率，其压缩频率 n 的基本趋势是增加的。三是 Welger AP52 型压缩频率 $n=110$ r/min 为当代最高。

（二）喂入量 G 呈增加趋势

所谓喂入量即每次向压缩室喂入草的质量。喂入一次，压缩一次，显然在相同的条件下，喂入量越大，机器的生产率愈高。喂入量与捡拾器、输送喂入器、草捆室、机器前进速度等参量以及草条的大小等相适应。喂入量的大小还影响压缩力规律等，所以喂入量是一个综合参量。关于喂入量，各厂家都没有明确的表示，总体上喂入量呈增加的趋势。

（三）压缩的最大密度、草捆的密度呈增加趋势

1. 压缩密度

压缩密度是活塞压缩的理论密度。在压缩过程中是变化的，压缩过程中任意压缩位置的压缩密度 γ 是可以计算的，也就是说压缩密度 γ 是压缩过程计算出来的。

$$\gamma = \frac{G}{(s\text{-}x)(a \times b)}(\text{kg/m}^3) = \frac{G}{(a \times b)\,\delta}(\text{kg/m}^3),$$

其中，G—喂入量（kg），s—活塞压缩行程（m），x—活塞的位移（m），（$a \times b$）—压缩室的断面积（m^2），草片的厚度 $\delta = s\text{-}x$，即活塞行程减去活塞的位移，也即一次压缩草片的厚度（m）。随活塞的位移 x 增加，压缩到最后，压缩密度达到最高值 γ_{max}，称为最大压缩密度。

2. 草捆密度

草捆产品的密度 γ_{cp} 是压捆机排出机外草捆的密度，是试验密度，$\gamma_{cp} = \frac{w}{v}$（kg/m^3）

式中：w—草捆的重量（kg），v—草捆的体积（m^3）。

3. 草捆的密度 γ_{cp} 小于压缩最大密度 γ_{max}

（1）草捆的密度 γ_{cp} 基于压缩最大密度 γ_{max}，压缩一次压成一个密度为 γ_{max} 的草片，将若干草片进行捆束，形成一个草捆。过程中草捆逐渐向后移动，从草捆室端部排出的草捆（Bale）的密度，才是草捆产品的密度 γ_{cp}。

（2）γ_{cp} 小于 γ_{max}，由压缩最大密度 γ_{max} 到草捆的密度 γ_{cp}，密度是逐渐减小的。过程中，压缩到最大压缩密度 γ_{max} 时，活塞返回，草捆室壁上虽然有卡爪防止压缩的草片膨胀，但是草片的膨胀是显著地；当活塞压缩第二个草片时，活塞的压力是通过在压草片传递的，活塞的最大压力传递到上一次压成的草片上的力，必然会小于最大压力 P_{max}，草片的密度也变得小于最大密度 γ_{max} 了；继续下去，离压缩活塞越远的草片，之后所承受的最大压缩力越小，其密度更小于最大压缩密度（γ_{max}）了；如果将若干草片捆束后（草捆），排除机外时，草捆的膨胀是不可避免的，这时草捆的密度 γ_{cp} 已经远小于草片的最大压缩密度 γ_{max} 了。

（3）γ_{max}、γ_{cp} 具有一定的意义。虽然压缩最大密度与草捆的密度两者也存在一定的关系，但其间的规律至今也缺乏试验研究。对一个机器来说，肯定是压缩密度 γ_{max} 越高，草捆的密度 γ_{cp} 就越高。一般生产上所说的密度是草捆的密度 γ_{cp}。但是，压缩密度 γ_{max} 是设计压捆机的理论依据。显然 γ_{cp} 也是压捆机的最重要的参量之一，应该是压捆机所追求的最重要基本参量。

（4）草捆密度 γ_{cp} 提高是发展趋势。γ_{cp} 的提高是压捆机的一个重要发展趋势。起始时期的草捆密度 γ_{cp} 一般小于 100 kg/m^3，后来 150 kg/m^3，现代已经达到 180 kg/m^3，但是一般还都低于 200 kg/m^3。草捆密度 γ_{cp} 越高，其压缩密度 γ_{max} 应该是越高，机器的压力必然会骤增，动力消耗也随之大增，机器的工作条件变得剧烈等。所以，两个密度的提高也是压捆机发展的一个重要标志。

（四）两个密度间的关系分析

（1）压缩密度 γ_{max} 是机器设计的要求。在研究设计压捆机过程中，密度 γ_{max} 越高，其压力、结构、动力付出的就越多。所以压缩密度 γ_{max} 高，就等于压捆机付出的越多，即机械的代价就越高。

（2）草捆的密度 γ_{cp} 是机器的使用要求，是用户对机械的基本要求。显然，在使用机器中，对一定（压缩密度 γ_{max}）机器，获得草捆的密度 γ_{cp} 越高越好，越高效益越好。

（3）减小（$\gamma_{max}-\gamma_{cp}$）差值是提高草捆密度的一个重要途径。所以，压捆机发展过程中，固然提高压缩密度 γ_{max} 是趋势。用减小（$\gamma_{max}-\gamma_{cp}$）来提高草捆密度 γ_{cp}，更是捡拾压捆机优化发展试验研究的基本问题。

根据市场的要求，捡拾压捆机的压缩草捆的密度 γ_{cp} 应该提高。预计突破 200～250 kg/m³ 草捆密度，可能就是当代捡拾压捆机的换代产品。

生产上要求草捆产品密度 γ_{cp} 提高，但是草捆密度 γ_{cp} 的提高，是基于压缩密度 γ_{max} 的提高。提高压缩密度 γ_{max}，其活塞的压缩力要大增。

据前苏联的试验资料，压缩最大密度 γ_{max} 为 160 kg/m³、190 kg/m³、215 kg/m³、250 kg/m³ 时，其最大压缩力分别为 2 200 kg、3 400 kg、4 200 kg、7 300 kg。如图 1-5-5 所示，随压缩力的提高，机器的受力、功耗以及机器的安全性都会带来严重的问题。但是与压缩密度 γ_{max} 相应的生产草捆密度 γ_{cp} 应该是多少，或者说草捆密度 γ_{cp} 对应的理论压缩密度 γ_{max} 是多少，至今也缺乏试验研究。

对一个压捆机，从最大压缩密度 γ_{max} 到草捆的密度，γ_{cp} 是减小的，而减小的范围可能比较大。从结构和操作上，减小（$\gamma_{max}-\gamma_{cp}$）范围值，来提高草片密度 γ_{cp}，还是有潜力的。制造厂家不要忽视在这方面做些文章的潜力。

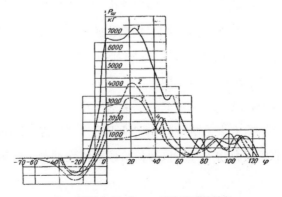

Pw- 压缩力（kg）；φ- 活塞移动的转角

图 1-5-5 压缩密度与压缩力试验曲线

（4）减小（$\gamma_{max}-\gamma_{cp}$）范围值，来提高草捆密度 γ_{cp} 的试验研究涉及的基本问题如下。

一是与压捆机压缩过程中的结构有关，即过程中保证压缩草片尽量不膨胀，或膨胀尽量减小，即过程中保持密度 γ_{max} 减少到最小。

二是过程中草片的膨胀情况与草片的应力松弛规律有关。

三是草片的应力松弛规律与其膨胀性和内聚力的特性有关，也就是草片的膨胀情况与压缩的密度 γ_{max} 大小有关。草片的膨胀还取决于草片变形体的流变力学特性，所以，减小（$\gamma_{max}-\gamma_{cp}$）是压捆机发展中的一个重要问题；压缩变形体的流变学试验研究，应该是压捆机最基础的试验研究，目前还缺乏这样的研究。

（五）前进工作速度 u_j（m/s，km/h）呈增加的趋势

相同条件下，机器前进工作速度 u_j（m/s，km/h）越高生产率越高。显然 u_j 提高，消耗动力就大。机器的前进速度与压缩频率 n、喂入量 G 等密切相关。机器的前进速度还与草条的大小有关。对一个机器来说，在一定的条件下，理论上仅有一个最佳前进工作速度。考虑到适应性，其前进工作速度范围也不能太大。目前一般捡拾压捆机的给出的前进速度为 5 ～ 8 km/h。但没有给出最佳前进速度。

（六）影响生产率 Q 的 3 个基本因素 n、u_j、G 的关系

假设田间草条大小是一定的，三因素 n、u_j、G 中，提高任何一个因素，生产率都会提高。

（1）如果前进工作速度 u_j 一定，在发展过程中，一般是靠提高压缩频率 n 来提高生产率的。开始时压缩频率 n 是比较低的，有的仅 50 ～ 60 r/min，现代一般接近100 r/min，大幅度地提高了生产率。①但是每分钟压缩增至 100 次，给打捆机构带来了极大的压力。打结过程，一般需要完成引绳、拨绳、夹绳、咬绳、绕扣、打结、割绳等过程（D 型打结器），且完成这些过程是在活塞压缩一次时间内完成的。如果压缩频率 n=100 r/min。也就是打结器要在 0.6 s 时间内顺利的完成这些动作过程，可见对打结器的要求是非常高的，打结器成了捡拾压捆机出故障最多的部位，尤其对使用条件较差的环境，更是如此。②压缩频率过高，压缩的草捆的质量也受到影响。从流变学分析，压缩的草捆来不及松弛，压缩力大，草捆的稳定性下降。③压缩频率过高，压缩惯性力增加，动力平衡性差，消耗动力增加。应该说捡拾压捆机发展，不应该过分追求过高的压缩频率 n。

（2）如果加大喂入量 G，同样可以提高生产率 Q。提高 G 可以在较低的压缩频率条件下工作。①首先避免了压缩频率过高带来的问题。②根据压缩理论的试验研究，在一

定的范围内，压缩力随喂入量的增加有下降的趋势。对此应该进一步进行工程性的试验研究。但是喂入量过大，即一次压缩量增加，草片、草捆的受力和密度不均匀性增加，也会带来捡拾器负荷加大、喂入器的负荷和安全等问题。

（3）捡拾压捆机最佳前进工作速度。所谓最佳前进工作速度 u_j，是最佳喂入量 G、最佳压缩频率 n 和草条大小的组合条件下的前进工作速度。但是实际上，制造公司一般都未给出最佳前进工作速度。其基本原因是生产率 Q 还与生产条件、草条大小有直接关系。

①假设喂入量 G=2 kg，压缩频率次 n=80 r/min，其机器的生产率：Q=2 kg × 80=160 kg/min=9 600 kg/h ≈ 10 t/h。前进工作速度 u_j 还与草条的大小有关。设草条大小为每米长 q=2 kg/m，9 600 kg/h 的生产率，需要草条的长度为：9 600 ÷ 2=4 800 m=4.8 km，即前进工作速度 u_j=4.8 km/h ≈ 5 km/h。②这样的捡拾压捆机，在草条大小 q 不等于 2 kg 条件下作业，其最佳工作速度就不是 5 km/h 了。要达到最佳效果，就应该调整机器前进工作速度 u_j。

所以捡拾压捆机的主要参量应该是 G、n、u_j、q 的优化。随着捡拾压捆机的发展，生产厂家应该给用户进一步的承诺。

（七）捡拾压捆机草捆的断面尺寸

前面介绍的草捆的断面积范围内，都是两道捆绳。现代市场上出现较大的草捆断面积的捡拾压捆机，最有代表性的三道捆绳的草捆，生产这样的草捆的捡拾压捆机，一般另配置动力驱动捡拾压捆机作业。例如美国爱利德公司 ALLIED 的 FREEMAN370 捡拾压捆机，生产的草捆断面积 450 mm × 560 mm，CASE 也有类似的产品。这类捡拾压捆机的叫法比较模糊，它比一般捡拾压捆机草捆大、密度也较高，但是他还不算大方捆机，也不算高密度压捆机。不过它在市场上的出现，也说明了一种趋势，即草捆有增大的趋势，密度有增加趋势。

四、捡拾压捆机发展过程中的基本问题

市场上现代捡拾压捆机的制造技术，已经达到很高的水平。根据前面的分析，现代化发展过程中依然存在下面几个问题。

（一）制造厂家应该提供压缩力特性曲线

压缩力特性曲线反应压捆机的基本动力特征。活塞压缩特征曲线，即压缩过程压缩力、压缩密度曲线，即 $P=f(\gamma)$ 曲线。表征了压捆机的压缩性能和压捆机的压缩力的关

系和效率。所谓压缩效率，就是压缩密度 γ 与付出的压缩力 P 的比例。显然 γ/P 比例大，生产效率就高，现代压捆机更应该追求高的压缩效率。压缩效率也应该是评定压捆机的一个重要指标。但是市场上的捡拾压捆机，至今还没有提出压缩效率的承诺。捡拾压捆机的试验标准中，也没有压缩效率的的指标及试验、检测方法。实际上生产厂家对其捡拾压捆机提供压缩效率并不是很难，即通过试验提出 $P=f(\gamma)$ 曲线就可以了，或者提出 $P=f(\gamma)$ 相似比例曲线。

压捆机有了 $P=f(\gamma)$ 曲线，就可以计算出压缩力 P 与压缩密度 γ_{max} 之比；压缩力 P 与草捆密度 γ_{cp} 之比；压缩密度 γ_{max} 与草捆密度 γ_{cp} 之比了。

（二）在压捆机市场上应该突出草捆产品

捡拾压捆机发展的根本原因是草捆产品在生产中的意义。但是市场上对突出草捆产品（重要角色）还不够。市场上捡拾压捆机五彩缤纷，可是其生产的草捆的形态、特征、水平始终很模糊，始终在幕后。市场上，捡拾压捆机和草捆产品应该上演二人台。如果生产的草捆产品如图1-5-6的所示草捆的形态（承诺），与捡拾压捆机一同展示（承诺）那应该是用户梦寐以求的！也应该是捡拾压捆机继续发展的追求。

图1-5-6　捡拾压捆机生产的草捆产品

草捆的质量，应该是具有一定的密度 γ_{cp}；形态规整、稳定，具有一定的弹性；在处理运用过程中不变形、丢失少等都是具体的要求，但是，现代捡拾压捆机生产的草捆，实际上真正达到图1-5-6状态的并不是多数。草捆的指标一直都不是硬指标。有关草捆产品的承诺都不是硬性的。说明捡拾压捆机在生产高质量产品上，还有潜力。影响产品质量的因素还很多，例如，进入捆草机的松散物料应该均匀一致，不要密疏不均；喂入器应该将物料均匀地喂进压缩室内，且在压缩室断面内填充均匀；活塞压缩均匀，即在压缩室断面上，保持压缩厚度均匀性和压力的均匀性；压缩的厚度（量）不要过大，因为草片的厚度过大，草片在厚度方向受力不均，密度也不均。当然生产草捆的质量与压缩室的尺寸、结构、性质、压缩频率等有关等。这些都应该是捡拾压捆机发展中不应该被忽视的问题。

（三）提供和引进参量指标（$\gamma_{max}-\gamma_{cp}$）

厂家和试验鉴定应该提供和引进参量指标，即最大压缩密度γ_{max}与产品密度γ_{cp}的差值（$\gamma_{max}-\gamma_{cp}$）。至今捡拾压捆机标准中还没有提出这个指标。

（四）厂家应该向用户承诺捡拾压捆机的最佳前进作业速度

对产品在标出最佳前进作业速度及依据的条件的同时，给出根据条件（内容）变化，选择前进作业速度的范围（曲线）。

五、捡拾压捆机结构的演变

从捡拾压捆机出现，发展到现代捡拾压捆机，其结构是逐渐变化的。

（一）初期捡拾压捆机的基本结构型式

开始时捡拾压捆机为低密度（低于），除 100 kg/m³ 捡拾器之外，输送喂入机构、压缩室形式、打捆结构机构形式，都比较初级。如图 1-5-7 所示。

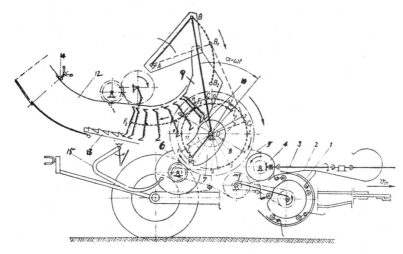

1- 捡拾器；2- 草料导向板；3- 活节传动轴；4- 传动轮；5- 三角皮带传动；6- 齿轮传动；7- 旋转齿形喂入器；8- 喂入器轴；9- 扇形活塞；10- 活塞曲柄；11- 喂入器臂；12- 压缩室；13- 压缩室壁阶梯表面；14- 压缩室口调节；15- 穿针；Vm- 机器前进方向

图 1-5-7　早期低密度捡拾压捆机

（1）弧线压缩室，喂入和压缩结构较复杂。

（2）喂入机构和压缩机构配置在一根轴上的旋转齿形喂入器，如图 1-5-8 所示。

（3）捡拾压捆机的草捆长度计量器如图 1-5-9 所示。

（4）初期打结器基本情况如图 1-5-10 所示。

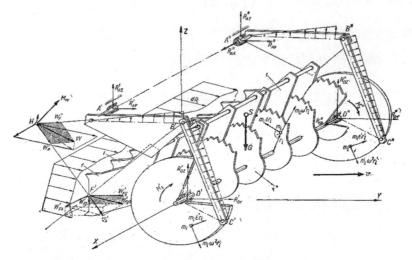

1-活塞片；2-喂入器；3-A'B'C'D' 和 A"B"C"D"—四杆结构；V_m-机器前进方向

图 1-5-8　早期低密度捡拾压捆机的活塞与喂入器机构

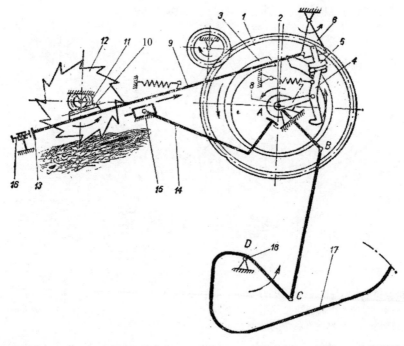

1-打结器齿轮；2-轴；3-齿轮盘上的突起；4-双臂杆；5-摇臂突起；6-摇臂；7-与摇臂连接的臂杆；
8-凸轮；9-大拉杆；10-齿条；11-齿轮；12-计量轮；13-止动销；14-控制杆；15-连杆与拉杆的铰接；
16-控制长度的螺钉；17-穿针；18-穿针转轴

图 1-5-9　捡拾压捆机的草捆长度计量器

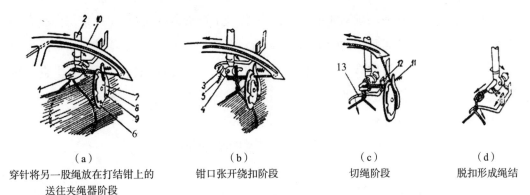

（a）　　　　　　　　　（b）　　　　　　　　　（c）　　　　　　　　　（d）
穿针将另一股绳放在打结钳上的　钳口张开绕扣阶段　　切绳阶段　　脱扣形成绳结
送往夹绳器阶段

1-打结器钳嘴的下颚；2-打结钳轴；3-打结钳上颚滚轮；4-销轴；5-作用于滚轮上的弹簧；6-夹绳平盘；7-夹绳齿盘；8-绳夹卡子；9-卡子转轴；10-穿针；11-绳夹卡子弹簧；12-摆动切绳刀；13-摆动脱绳器

图 1-5-10　打结器机器基本过程

（二）捡拾器的发展过程

1. 滚筒式捡拾器工作原理

起始时，滚筒捡拾器，滚筒圆周上有若干滚筒杆，滚筒杆上配置着很多弹齿，滚筒旋转，弹齿捡拾草条。滚筒式捡拾器捡拾草条的原理如图 1-5-11 所示。

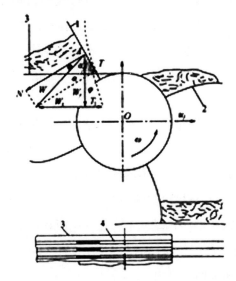

O-滚筒转轴转向 ϖ；1、2-筒上的弹齿；3-滚筒罩壳；4-罩壳的缝隙（工作过程工弹齿通过）

图 1-5-11　滚筒式捡拾器捡拾草条的条件分析

捡拾器捡拾功能是从地面的草槎上捡拾起草条，并将捡拾的草连续顺利的送至后面的工作装置。图中，弹齿捡拾器的草抬起、沿罩壳表面向后输送（给下一个装置）。这一工作过程中，关键是向后输送情况。

图 1-5-11 中，N—弹齿对草的正压力；α—齿与罩壳表面的夹角；φ—草与弹齿的摩擦角；φ_1—草与罩壳表面间的摩擦角；W—弹齿对草料的压力；T—推移过程中草沿弹齿方向的摩擦力；W_x—弹齿推草压力在水平方向的分力；W_y—弹齿推草的压力在垂直方向的分力；μ—草与罩壳表面间的摩擦系数。

弹齿在罩壳表面向后推送草的必要的理论条件：

$W_x > T_1$，此处，$T_1 = \mu W_y$（草沿罩壳表面移动的摩擦阻力）。

由图，可知：$W_x = W_y tg\,(\alpha-\varphi)$

$$T_1 = W_y tg$$

将其代入上式可得：$W_y tg\,(\alpha-\varphi) > W_y tg\varphi_1$

$$tg\,(\alpha-\varphi) > tg\varphi_1$$

$$\alpha > \varphi_1 + \varphi$$

若草与罩壳表面间的摩擦角与草与弹齿间的摩擦角相等 $\varphi \approx \varphi_1$，则

$$\alpha > 2\varphi$$

也就是在输送草的过程中，弹齿与罩壳表面的夹角 α 要始终大于罩壳表面间的摩擦角的两倍。但是在输送过程中，弹齿与罩壳表面的夹角 α 呈逐渐减小的趋势，当减小到一定程度，弹齿与罩壳之间要发生夹草和堵塞，使不能顺利向后送草。这就是滚筒式捡拾器的基本问题。由此设想，如果弹齿在向后送草过程中，夹角 α 在保持较大的情况下，能够快速将齿抽回罩壳内，就不会发生齿、罩间夹草现象了。怎样能在保持角大的 α 情况下，将弹齿抽回，这可能就是凸轮式滚筒捡拾器专利的指导思路。

2. 凸轮式捡拾器工作原理

凸轮式捡拾器引进一个固定凸轮。凸轮式捡拾器，过程中弹齿不夹草的原理，就是靠凸轮的形状控制。即在完成捡拾任务输送过程，让弹齿快速抽回罩壳以内。为了使弹齿在捡拾、输送过程的位置、运动、动力参数得到最优，出现了很多形状的凸轮，如图 1-5-12 所示，最复杂的是 welger 捡拾器的凸轮形状。

其结构就是在滚筒式捡拾器结构基础上，在其侧面装一个固定凸轮槽，在滚筒杆一端通过曲柄连接一个滚轮，使滚轮始终沿凸轮槽运动，如图 1-5-13 所示。在弹齿捡拾完成之后，由凸轮控制快速抽回罩壳内。

因为凸轮太复杂。现代凸轮式捡拾器的凸轮一般简化如图 1-5-14 所示。O 为滚筒轴心，也为凸轮大半圆的中心 O_1；OA_1—滚筒齿杆半径；A_1C_1—弹齿长度；A_1B_1—曲柄长（此位置 OO_1 重合，捡拾弹齿为一个四杆机械 O_1A_1、O_1B_1、$A_1B_1C_1$、O_1，同样，OA、OB、ABC 和 O 也是一个在另一个位置的四杆机械）。凸轮的一半为圆周形，对照图 1-5-13，在凸轮半圆周内，弹齿的捡拾轨迹很圆滑，在图上位置基本捡拾完毕，从此弹

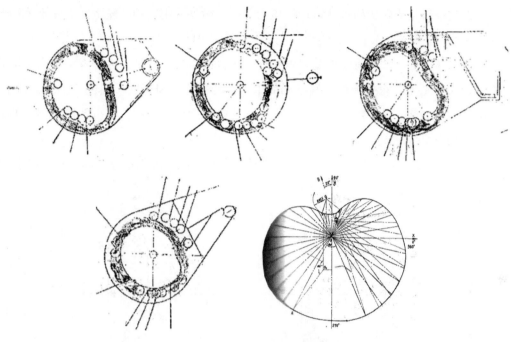

图 1-5-12 出现的凸轮形状

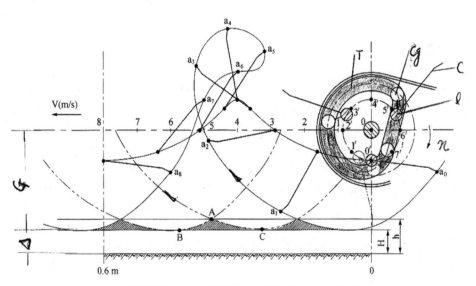

T- 在凸轮轨道槽；*C*g- 在凸轮槽内滚动的滚绞；*l*- 滚筒的齿杆；
C- 装载齿杆上的弹齿（齿杆与滚轮通过曲柄进行连接）

图 1-5-13 凸轮控制弹齿的运动轨迹

齿抽回罩壳内，避免弹齿与罩壳间夹草。在凸轮底部位置弹齿很快进入捡拾草条位置。从轨迹上分析，弹齿端轨迹运动平稳能够很好的完成捡拾工作，只是在弹齿抽回和弹齿进入捡拾草条位置时加速度较大，工作惯性力较大，滚轮与凸轮的冲击力也较大。但是整个工作过程还是比较优的，所以现代捡拾器，一般多采用这种凸轮形式。而不采用形状更复杂的凸轮形式。

为适应高速度、大负荷发展的要求，现代大方捆捡拾压捆机，大型青饲料收获机的捡拾器，采用了无凸轮捡拾器。其结构简单，运转平稳，加速度、惯性力小，磨损小。好像滚筒式捡拾器的发展走过了一个圆。为适应高速度、大负荷，很可能捡拾器发展的替代结构就是无凸轮式捡拾器。

另外，根据配套机具和工作条件不同，捡拾器滚筒的直径大小也不同，有大有小。

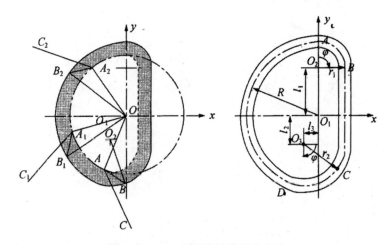

图 1-5-14 一般现代捡拾器的凸轮

（三）现代捡拾压捆机整体型式

经过几十年的发展和演变，基本上都是所谓的较高密度捡拾压捆机，其结构形式更为先进合理，技术水平也更高，适应性更强。目前的捡拾压捆机，按型式分类不清楚，笔者提出按过程中料流方向不同，有非直流式和直流式两类。

1. 非直流型式的捡拾压捆机

在捡拾压捆机市场上，最初普遍的型式为非直流式，后来出现了直流型式的捡拾压捆机。

所谓非直流式，是指在机器的工作过程中，物料流是非直流的。机器前进，在前进方向捡拾器（Pick up）捡拾草条（Windrow）进入机器；由输送器（Auger or Feedrake）将物料流改变方向，送至压缩室喂入口；由喂入器（Feeder Teeth）将草物料正时的喂入压缩室；再由活塞（Plunger）改变物料流方向，对物料进行压缩。压缩成的草片集成草捆，捆束后的草捆在压缩室出口陆续排出。过程中物料流两次改变方向，成拐尺状 "┐┛"，如图 1-5-15 所示。

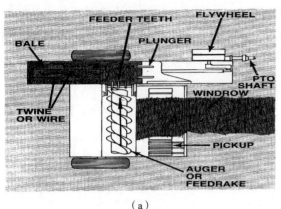

（a）

BALE- 草捆；FEEDER TEETH- 喂入齿；PLUNGER- 活
塞；FLYWHEEL- 飞轮；PTOSHAFT- 动力轴；WINDROW-
草条；PICKUP- 捡拾器；AUGER OR FEEDRAKE- 搅龙式喂
入齿；TWINE OR WIRE- 绳或铁丝

（b）

1- 捡拾草条；2- 草捆

图 1-5-15　非直流形式捡拾压捆机从侧面喂入

　　非直流式捡拾压捆机，在市场上一直是主流产品。几乎生产捡拾压捆机的公司都有
非直流形式的产品。非直流捡拾压捆机，例如，JOHN DEERE 346 捡拾压捆机，草捆断
面积 18″×14″，压缩次数 80 r/min，压缩行程 762 mm，机重 1 370 kg，配上绳打结器，
型号为 346T，配上金属丝拧结器，型号为 346 W，如图 1-5-16 所示。

（a）前视（Front View of Baler）

PICKUP（捡拾器）；COMPRESSORS（捡拾压条）；
AUGER（螺旋输送器）；FEEDER-TEETH（喂入器齿）；
PLUNGERHEAD（压缩活塞）；PICKUP LIFT CRANK
（捡拾器提升曲柄）；PTO SHAFT（传动轴）；TONGUE
（牵引杆）；PICKUP（捡拾器）；COMPRESSORS（捡
拾压条）；AUGER（螺旋输送器）；FEEDER-TEETH
（喂入器齿）；PLUNGERHEAD（压缩活赛）；PICKUP
LIFT CRANK（捡拾器提升曲柄）；PTO SHAFT（传动
轴）；TONGUE（牵引杆）

（b）后视（Rear View of Baler）

TONGUE（牵引杆）；FLYWHEEL（大飞轮）；
NEEDLE（穿针）；BALE CHUTE（草捆滑板）；
TENSION BARS（张紧板）；TENSION CRANKS
（张紧曲柄）；BALE CHAMBER（草捆室）；BALE
MEASURING WHEEL（草捆长度计量轮）；WIRE
TWISTEROR TWINE KNOTTER（金属丝拧结器或
绳打结器）；FEEDER TEETH（喂入器齿）

图 1-5-16　非直流捡拾压捆机

非直流捡拾压捆机的结构配置，输送、喂入、压缩室、压缩活塞等都具有明显的特征。即捡拾器配置在草捆室的右侧，前进方向捡拾草条，进入草捆室的草，从草捆室侧面喂入，草捆从尾端排出。

（1）输送、喂入器的型式如下。

• 螺旋推进器—摆叉式输送喂入器（Auger–Feederteeth，横向输送物料）

螺旋推进器—摆叉式输送喂入器将捡拾器从前进方向送来的草物料，改变方向，横向向压缩室方向连续进行输送，首先有螺旋输送器完成输送器的功能，接着由摆叉式喂入器正时地将松散物料从压缩室的侧面喂入口正时地喂进压缩室，完成喂入器的功能。如图 1- 5-17 所示。

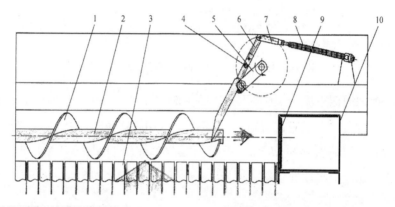

1、2-螺旋推进器；3-捡拾器的罩板；4、5、6、7、8-摆叉式喂入器；9-喂入口处固定切刀；10-压缩室断面

图 1-5-17　螺旋推进器—摆叉式（Auger-Feederteeth）输送喂入器原理

很多公司的捡拾压捆机采用 Auger –Feederteeth 输送喂入器，例如，约翰迪尔（JOHN DEERE）、法尔（FAHR）、万国（IH）等公司，其结构型式如图 1-5-18 所示。

图 1-5-18　Auger-Feederteeth 输送喂入器的捡拾压捆机

• 双摆杆式输送喂入器

双摆杆式输送喂入器中，第一个摆杆将捡拾器从前进方向送来的物料转变方向，横

向输送给第二个摆杆，由第二个摆杆正时地一次、一次地喂入压缩室。过程原理如图
1-5-19 所示。

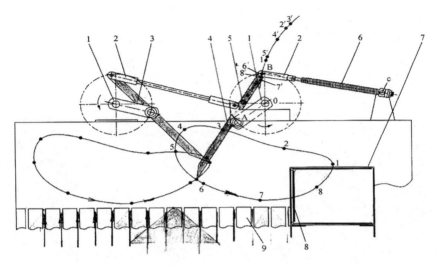

1- 曲柄；2- 连杆；3- 输送器摆叉；4- 喂入器摆叉；5- 安全螺钉；6- 缓冲弹簧；
7- 压缩室断面积；8- 喂入口出固定切刀；9- 捡拾器护板

图 1-5-19　双摆杆式输送喂入器工作原理图

非直流捡拾压捆机中，除了 Auger–Feederteeth 输送喂入器之外，很多都采用双摆杆
式输送喂入器。例如克拉斯（CLAAS）、威利格尔（WELGER）、纽荷兰（SPERRY NEW
HOLLAND）、福格森（MASSEY FERGUSON）、奥利斯恰默斯（ALLIS CHALMERS）、
惠斯顿（HESSTON）等的非直流捡拾压捆机都是双摆叉式输送喂入器。双摆杆式输送
喂入器的捡拾压捆机如图 1-5-20 所示。

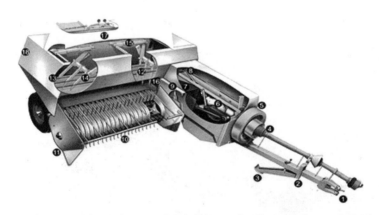

1、2- 牵引杆；3- 牵引杆支承；4- 安全离合器；5- 大飞轮；6- 齿轮；7- 压缩活赛；
8- 喂入器与打结器的轴传动；9- 捡拾器高度调节器；10- 捡拾器；11- 挡廉；12- 喂入器；13- 输送器；
14- 安全螺钉；15- 喂入器的减震保护；16- 喂入口出的定刀；17- 打结器传动轴；18- 罩壳

图 1-5-20　Claas 生产系列的捡拾压捆机

（2）非直流压捆机压缩活塞（Plunger）。非直流捡拾压捆机是从压缩室的侧面喂入口喂料的。因此，其压缩活塞的侧面的前端有切刀，与喂入口处的固定切刀配合切断喂入物料在压缩室内外的连结。压缩过程活塞的侧面遮住压缩室的喂入口。为减少压缩过程的摩擦和保护活塞，活塞与压缩室四壁的接触都设有滚轮。活塞的前断面有两个沟槽，备打捆时穿针通过，前端凸爪，压缩时插入草丛，提高压缩效果。非直流捡拾压捆机上的压缩活塞结构。一般如图 1-5-21 所示。

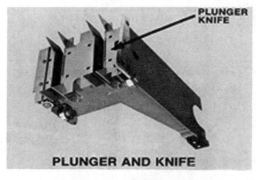

（a）JOHN DEERE 的压缩活塞和切刀　　　　（b）CLAAS 的压缩活塞和切刀

图 1-5-21　侧面喂入的压缩活塞

2. 直流式的捡拾压捆机

所谓直流式捡拾压捆机，从检拾草条到草捆排出，物料流的前后方向是不变的，物料流的方向与机器的前进方向反向。田间作业的基本特征是拖拉机牵引，其捡拾器处于拖拉机的正后方，拖拉机在捡拾器正前方跨骑草条作业。

作业中物流的方向是不变的。捡拾器捡拾过来的物料，直接由输送喂入器，喂进压缩室进行压缩。过程中物料流的方向始终向后方向，其过程中整个料流情况如图 1-5-22 所示。整机的组成和工作过程如图 1-5-23 所示。

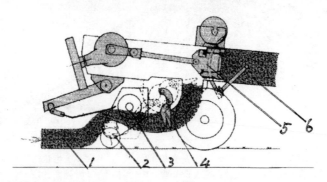

1- 草条；2- 捡拾器捡拾草条；3- 螺旋输送器输送；4- 输送喂入器喂入；5- 活塞压缩；6- 草捆排出方向

图 1-5-22　直流型捡拾压捆机的物料流

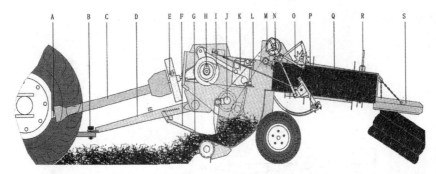

A- 拖拉机输出轴；B- 牵引销；C- 活节传动轴；D- 牵引杆；E- 飞轮；F- 导向器；G- 捡拾器；
H、I- 传动；J- 喂入拨叉；K- 压缩活塞；L- 穿针安全拉杆；M- 打结器总成；N- 打结器安全螺栓；
O- 草捆长度计量轮；P- 穿针；Q- 压缩室；R- 压缩密度控制手柄；S- 放捆板

图 1-5-23　直流捡拾压捆机的工作过程

直流式捡拾压捆机与非直流捡拾压捆机的基本结构组成相同，仅是配置上有一定的差异。市场上相对非直流捡拾压捆机，直流式的捡拾压捆机数量较少。福格森（MASSEY FERGUSON）、凯斯（CASE）、惠斯顿（HESSON）、上海（STAR）公司目前都生产此类产品。

直流式捡拾压捆机的外观、典型结构如 MASSEY FERGUSON 公司的 MF-139 型捡拾压捆机（草捆断面积 365 mm×457 mm，压缩次数 100 r/min，机重 1 497 kg，配套动力 35 hp 以上）。如图 1-5-24 所示。

图 1-5-24　MF139 型直流式捡拾压捆

直流式捡拾压捆机的输送喂入机构。物料由压缩室底部向后上方喂入压缩室，即压缩室的喂入口在其底部。物料的输送喂入结构如图 1-5-25 所示。

直流式捡拾压捆机的输送喂入机构的一般特征，捡拾器捡拾的草物料要经过两个半螺旋搅龙收缩后（不改变料流的大方向），由喂入草叉一次、一次地从底部的喂入口正时地将草喂入压缩室。其喂入机构示意如图 1-5-26 所示，喂入拨叉沿箭头方向向后上方，将草喂入压缩室，由活塞进行压缩。

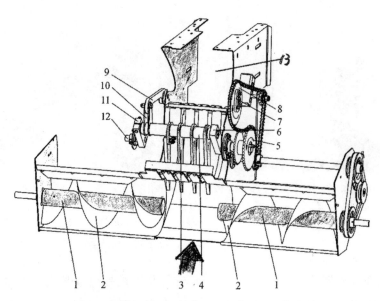

1、2- 螺旋输送器；3- 拨叉；4- 拨叉轴；5- 链轮；6- 左曲柄；7- 传动板；8- 主动链轮；9- 摆杆；
10- 连接臂；11- 右曲柄；12- 右曲柄轴；13- 压缩室

图 1-5-25　直流捡拾压捆机的输送喂入机构形式

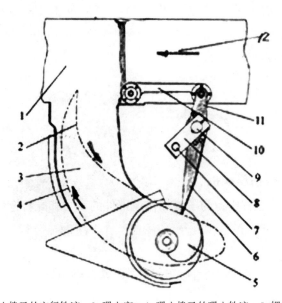

1- 压缩室；2- 喂入拨叉的空行轨迹；3- 喂入室；4- 喂入拨叉的喂入轨迹；5- 螺旋搅龙；6- 喂入拨叉；
7- 曲柄轴；8- 曲柄；9- 拨叉轴；10- 摇杆；11- 连接臂；12- 活塞压缩

图 1-5-26　喂入机构

　　直流式捡拾压捆机的压缩活塞结构如图 1-5-27 所示，其切刀装在活塞头端的底边。

　　直流式捡拾压捆机的压缩活塞与压缩室结构关系如图 1-5-28。压缩室两侧是封闭的，喂入口在下方。

1- 活塞体；2- 下滚轮；3- 上滚轮；4- 侧滚轮；5- 连杆；6- 切刀

图 1-5-27　活　塞

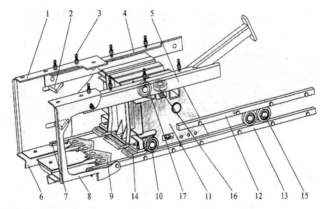

1- 压缩室右侧板；2- 侧壁上的限草器；3- 螺钉；4- 右上导轨；5- 左上导轨；6- 压缩室底板；7- 右下导轨；8- 左侧板；9- 定刀；10- 右下滚轮；11- 活塞头；12- 中导轨；13- 左下导轨；14- 动刀；15- 前下滚轮；16- 侧滚轮；17- 上滚轮

图 1-5-28　压缩活塞与压缩室结构关系

3. 自带发动机的捡拾压捆机

在捡拾压捆机发展过程中，为了增加作业部件的动力和配套拖拉机方便，在捆草机上采取另配置发动机，驱动压捆机工作部件工作，拖拉机仅作为牵引前进运动动力。此类捡拾压捆机在市场上较少。草捆尺寸一般比小方捆较大，密度也较高，重量也较大，人工处理搬运较困难。介于小方捆（机）与大方捆（机）之间。占用动力较多，仅附带发动机就接近 70 hp。整个机器田间作业的动力约 100 kW，例如约翰迪尔 JOHN DEERE 曾生产过的带发动机的捡拾压捆机如图 1-5-29 所示（属非直流式）。HESSTON 4690S 型三道捆绳的捡拾压捆机（草捆断面积 380 mm × 560 mm，压缩次数 90 r/min，机重 3 632 kg，自带发动机 67 hp）如图 1-5-30 所示（属直流式）。美国 ALLied Systems 自带发动机的捡拾压捆机，草捆断面积 410 mm × 560 mm，压缩行程 762 mm，压缩次数 84 r/min，自带发动机 65 hp，如图 1-5-31 所示（非直流式）。

图 1-5-29　JOHN DEERE 自带发动机的捡拾压捆机（非直流）

图 1-5-30　HESSTON 自带发动机的捡拾压捆机（直流式）

图 1-5-31　ALLied Systems 自带发动机的捡拾压捆机作业（非直流式）

4. 自走式捡拾压捆机

　　自走式捡拾压捆机，即动力与捡拾压捆机为一整体。自走进行作业。使用、操作方便。但是占用动力多、机重大，结构复杂，成本高。在市场上，自走式捡拾压捆机很少。

　　自走式捡拾压捆机的一般结构如图 1-5-32 所示，为非直流式，也有直流式的自走式捡拾压捆机。

图 1-5-32　自走式捡拾压捆机工作情况

（四）现代捡拾压捆机其他机构

现代捡拾压捆机，除了上述机构之外的其他基本结构形式，例如，捡拾器、打捆机构，草捆计量装置、安全装置等基本相似。随着技术的进步，其技术水平、操作、监视、控制装置等都在逐渐的变化和提高。

1. 捡拾器

捡拾器是捡拾压捆机上的基本构成。经过了长期的发展，现代捡拾压捆上采用的还是凸轮式滚筒捡拾器。捡拾的干净，不夹草、不堵塞，均匀连续地将草送向输送器。作业过程中运转平稳，如图 1-5-33 所示。在大方捆捡拾压捆机上开始采用无凸轮式滚筒式捡拾器。

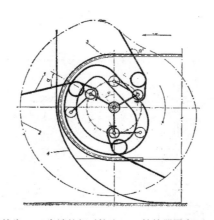

1- 捡拾齿；2- 齿端的相对轨迹；3- 捡拾器罩壳；4- 侧板

图 1-5-33　现代凸轮式滚筒式捡拾器

采用无凸轮式滚筒捡拾器，使滚筒式捡拾器走过了一个轮回，结构上省去了凸轮，保证在罩壳延长部分弹齿不夹草。与原先结构相比，减少了 50% 以上的零件，弹齿运转平稳，震动小，噪声低，磨损少、维护成本低，可以高速度作业。目前，在很多大型方捆捡拾压捆机上和大型青饲料收获机上开始采用，如图1-5-34所示。

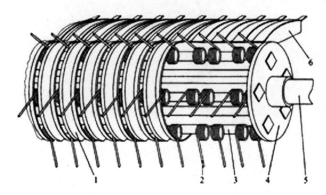

1- 罩壳；2- 弹齿；3- 滚筒齿杆；4- 滚筒；5- 滚筒轴；6- 罩壳尾端

图1-5-34　新型滚筒式捡拾器

2. 打捆结构

当今捡拾压捆机上，普遍使用两种打捆结构。一种叫Deering系统打捆装置，可称为"D"型打结器。例如，JOHN DEERE、SPERRY NEW HOLLAND、FAHR、CASE、HI、CLAAS等公司的捡拾压捆机都采用此种打捆装置。在广泛的使用中，能够满足打捆要求，可靠性高，如图1-5-35所示。一种是Comic系统打捆装置，即所谓的"C"型打结器。如图1-5-36所示，例如，WELGER等公司的捡拾压捆机，其工作性能及使用要求均能满足生产要求。经过了长期的改进、完善，现代捡拾压捆机上，不论哪种型式的打结器，其制造质量、性能、打捆质量可靠性都已经达到较高的水平。

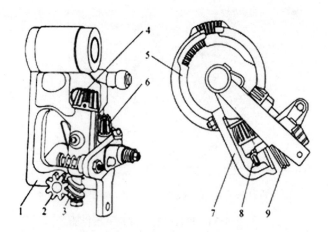

1- 打结器体；2- 驱动夹绳器的蜗轮；3- 蜗杆；4- 蜗杆轴小锥齿轮；5- 齿盘；
6- 打结钳轴小锥齿轮；7- 脱绳杆；8- 打结钳；9- 夹绳器

图1-5-35　"D"型打结器

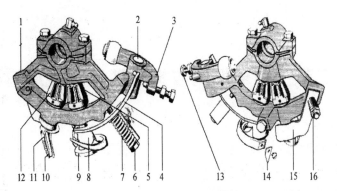

1- 架体；2- 杠杆轴；3- 杠杆；4- 板弹簧；5- 夹绳器驱动锥齿轮；6- 调整螺栓；7- 辅助弹簧；8- 夹绳器上蹄块；9- 夹绳器体；10- 上卡爪；11- 打结钳嘴；12- 打结钳轴驱动锥齿轮；13- 调节螺栓；14- 割绳刀；15- 滚轮压板；16- 上下卡爪张紧弹簧

图 1-5-36 "C"型打结器

3. 草捆长度计量装置的发展

现代捡拾压捆机上的草捆长度计量装置的结构原理基本相同。在过程中连续进行草捆长度的计量，当达到长度要求时，发出机械动作，接通打结器的动力，打结器开始工作。当打结完成时，发出机械动作，切断动力，打结器停止运转。如图 1-5-37 所示。目前，现代的草捆计量装置的工作过程中，还是靠机械动作进行连接。机构比较复杂，机械动作的即时性较差，靠机构动作连接，必然产生延迟性。预计，进一步发展，可能是以信号取代机构动作的连接。即草捆长度达到要求时，自动发出信号，使打结器开始工作，正常打捆过程完毕的即时，发出信号即时切断器动力停止动作，草捆长度计量装置继续进行工作。

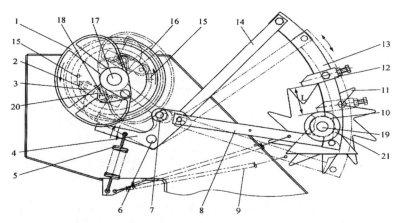

1- 复位凸轮；2- 分离卡爪滚轮；3- 分离卡爪；4- 复位杠杆；5- 弹簧（1）；6- 杠杆轴；7- 杠杆滚轮；8- 连接杆（1）；9- 弹簧（2）；10- 滚花轴套；11- 计量轮；12- 挡块；13- 计量杆；14- 连接杆（2）；15- 挡铁；16- 驱动链轮；17- 打捆器主轴；18- 分离卡爪轴；19- 计量轮轴；20- 扭转弹簧；21- 挡环

图 1-5-37 草捆长度计量装置

第二节　方草捆的收集、处理的发展过程

捡拾压捆机应用之后，其一般草捆（Bale）重量 20 kg 上下，草捆在田间不能长期放置。但是，收集、搬运草捆又非常费事，工时消耗大。所以草捆的田间收集、搬运成为草捆生产过程中的一个重要矛盾。纵观国际上的发展过程，草捆的收集、搬运有两种类型型式。

第一种类型，围绕捡拾压捆机进行设置，进行收集草捆。其中，最原始、最简单的是压捆机出口处增加延长器或使用草捆抛掷器，或在捡拾压捆机后面连接草捆收集器等，与捡拾压捆机一同进行田间作业。将压捆机排出的草捆聚集在捆草机后面的收集器中。第二种类型，是围绕田间分散放置的草捆进行收集和运输。例如田间草捆捡拾、装运装置等。

一、第一种类型装置

所谓第一类装置，即收集草捆装置连接在捆草机后面。

在捡拾压捆机草捆出口加滑槽（CHUTE），通过滑槽，压捆机排出的草捆，连续推至后面的牵引的拖车中；如图 1-5-38 所示，这是最原始、最简单的人工装载（MANUAL BALE LOADING）。

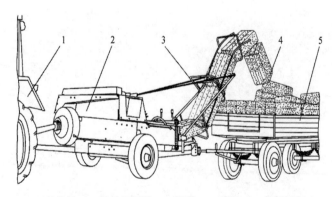

1- 拖拉机；2- 捡拾压捆机；3- 滑道；4- 草捆；5- 草捆拖车

图 1-5-38　滑道收集草捆

在捡拾压捆机草捆出口加草捆抛掷器，1963 年德国奥耳登堡生产出高密度捡拾压捆机上应用的草捆抛掷器。在捡拾压捆机草捆出口处，装上草捆抛掷器（Ejector），如图

1-5-39所示。草捆从压捆机排出后，触压液压触发器，触发器启动抛掷器，将草捆抛掷在压捆机后面的拖车中。根据抛掷装置形式，草捆抛掷器有3种类型，即皮带式，导向滚动式，杠杆式。一般都为液压驱动，如图1-5-40所示。

图1-5-39　皮带式草捆抛掷器收集草捆

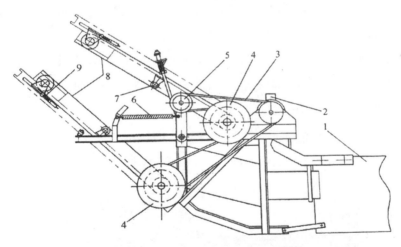

1- 左捆机出口；2- 液压马达；3-V 型皮带；4- 抛掷皮带主动轮；5- 皮带张紧轮；
6- 张紧弹簧；7- 抛掷皮带支撑轮；8- 抛掷皮带；9- 皮带张紧调节器

图1-5-40　草捆抛掷器（BALER WITH EJECTOR）

抛掷器的抛掷速度较高，抛掷距离较远，例如皮带式抛掷器输送线速度一般为10～12 m/s，对于15 kg的草捆最大射程约8 m，最大高度约4 m，如果抛掷更重的草捆，输送带的线速度还要增大。

在捡拾压捆机草捆出口连接草捆收集器，如图1-5-41所示。图示的是集捆器上挤满了草捆。上面草捆的序号，代表了进入草捆器的顺序。

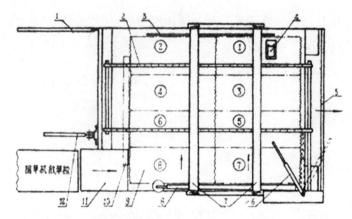

1- 挂接杆；2- 输送链；3- 止动板；4- 压力板；5- 后推板；6- 控制杆；
7- 稳定架；8- 推捆器；9- 草捆；10- 推板；11- 放草板；12- 牵引杆

图 1-5-41　草捆收集器（Bale Accumulator）

田间作业时集捆器连接在捡拾压捆机后面并与其草捆室对接，由拖拉机的液压系统控制和液压马达带动。当第二个草捆从对接口进入集捆器时，向后推动第一个草捆，当第一个草捆推动控制杆 6 时，接通液压油路，侧面的推捆器 8 横向推动两个草捆移一个草捆的宽度，为下一排草捆（第三、第四割草捆）进入集捆器腾出空间；依次类推，当集捆器台面集到 6 个草捆时，推捆器 8 将 6 个草捆一次推至集捆器台面的边缘，这时第一个进来的草捆 1 触压压力板 4 接通油路，当集满 8 个草捆时，第七个草捆推压控制杆 6 时，接通油路，推板 10 将台面上 8 个草捆一起向后推卸在田间。再由专门的抓取器，一次将 8 个草捆抓起装入运输车。

草捆收集器的田间收集草捆的情况如图 1-5-42 所示。配套专门的前悬挂装载器将草捆装载运输车（Gathering Bales with a Front-End Loader）上，如图 1-5-43 所示。

图 1-5-42　草捆收集器的田间作业情况

图 1-5-43　收集的草捆装载情况

二、第二种类型装置

各国出现的各种草捆捡拾装运车属于此种装置。

草捆装载机如图 1-5-44（a）所示。草捆捡拾装载机侧挂在运输车的侧面，随车前进捡拾田间的草捆。运回储存地。卸车储存情况如图 1-5-44（b）所示。

（a）田间捡拾装载

（b）卸车储存

图 1-5-44　草捆装载机

草捆捡拾装运车（Automatic Wagon），有牵引式和自走式，是 19 世纪 60 年代美国首先推出的，是现代最先进的草捆处理装备。如图 1-5-45 所示。

（a）田间作业

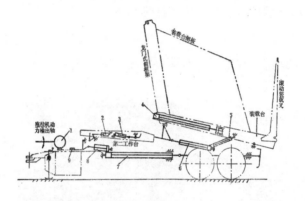

（b）结构示意

1- 液压油泵；2- 自动捆扎钉油缸；3- 单捆卸载分离钩油缸；4- 滚动装载叉油缸；
5- 装载台油缸；6- 第二工作台油缸；7- 推出器油缸；8- 第一工作台油缸；9- 第一工作台

图 1-5-45 SPREEY NEW HOLLAND 公司生产的 1304 型牵引式草捆自动装载车

其工作过程是，在田间捡拾草捆，通过草捆捡拾器，草捆转向，上第一个工作台，草捆连续进入第一个工作台，如图 1-5-45（a）所示。第一个工作台满 3 捆时，第一工作台油缸 8，推动第一工作台，将其上的 3 个草捆推上第二个工作台面；当第二个工作台面满 5 排（15 捆）时，第二个工作台油缸 6 将第二个工作台面上的草捆推上装载台（进入车厢）。车厢中满 7 排时（满车），360 mm×460 mm 草捆，可装 104 捆，410 mm×460 mm 草捆，每车可装 104 捆。为了车上草捆的稳定性，其中有的草捆排列有所变化。

装满车后，运输至储存地垛捆垛，或按照捡拾装车的逆顺序，卸车，通过传送装置，一捆、一捆地，连续输送至草捆储存棚、室中。卸车，堆垛情况如图 1-5-46 全过程机械化。还可以将草捆运至草捆储存棚舍，按照捡拾装车的逆过程将草捆卸至棚舍中，与图 1-5-44（b）所示相似。自动捡拾装运车是目前最现代化的草捆处理装置。

（a）卸草捆垛

（b）保持草垛紧密度

（c）推离草垛
STACK POLES- 草垛支杆；
PUSH-OFF FEET- 推杆

图 1-5-46　卸车堆垛情况

第六章　大方草捆捡拾压捆机械

第一节　大方草捆捡拾压捆机的发展过程

一、大方草捆捡拾压捆机的出现

前面述及的小方草捆的收集、搬运方法和设备，虽然解决了后续草捆的收集、处理的基本问题，但是，亦存在着生产率不高，过程较复杂，还不能消除手工劳动等问题。自动装载车自动化程度高，劳动消耗低，但是成本较高，自动装载车广泛应用也受到了限制。

在当时英国、美国多数有实践经验的人们认为增大草捆尺寸，有望能较好的解决上述问题。所以第一台大方捆捡拾压捆机 Big baler 在英国出现了。开始时生产的草捆重达 0.5 t，其尺寸 1.5 m × 1.5 m × 2.2 m。这样的捡拾压捆机 1969 年完成设计，1972 年生产了 6 台样机。

对于大方捆捡拾压捆机的田间作业，配上前悬挂式捡拾装载机，捡拾装载草捆。草捆的收集和处理比较容易机械化。开始时大方捆捡拾压捆机田间作业情况如图 1-6-1 所示。

图 1-6-1　英国 Murray 发明的 Big baler

二、大方捆捡拾压捆机及其发展过程

20 世纪 80 年代初，在国外 Big Baler 还是一种新型机器。生产中应用数量较少，当时惠斯顿 HESSTON 的 4800 型和威利格尔 WELGER 的 Delta5000 型大方捆捡拾压捆机生产的草捆断面积分别为：1.18 m × 1.27 m 和 1.20 m × 0.4 m，如图 1-6-2 所示。

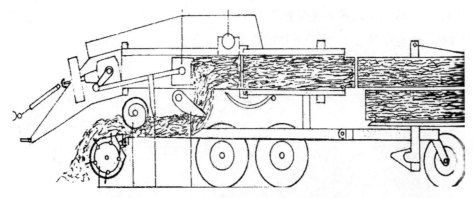

图 1-6-2　20 世纪 80 年代初 Big Baler 示意

大方捆捡拾压捆机，要求喂入器必须均匀喂入，才能保证草捆的形态和密度的均匀性。打捆后膨胀力大，要求捆绳有较高的抗拉强度。WELGER 采用了 5 倍于一般捆绳抗拉强度的聚丙烯绳，VICON 采用 4.2 mm 的金属丝。捆束材料的价格虽然高，但是，大方捆单位捆绳消耗量低。所以，大方捆比小方捆捡拾压捆机的生产成本还低。

大方捆捡拾压捆机面市的当时，其市场竞争力尚不明显。主要问题是机械的价格高，在西欧市场上，当时一台售价 3 万～ 5 万美元。配套动力大，一般要求 60 ～ 110 kW 的拖拉机。草捆的处理也必须机械化相适应等。

第二节　现代大方捆捡拾压捆机

一、大方草捆

大方捆捡拾压捆机出现之后，在市场上，很长时间进展缓慢。在借鉴小方捆捡拾压捆机技术发展的基础上，经过了长期发展积累，直到 21 世纪，大方捆捡拾压捆机在市场上才有了较明显的发展。目前，大方捆捡拾压捆机的结构已经非常完善，技术水平都远高于一般的捡拾压捆机。

综观分析，在结构和技术上，大方捆捡拾压捆机已经成为当代捡拾压捆机的发展方向，结构上更加完善和可靠；技术上更加先进；操作更加方便、舒适；草捆密度进一步提高，草捆的形态更加稳定和规整。

所谓大方草捆，就是比一般方草捆尺寸大，重量大，密度也较高。至于多大的草捆叫大方草捆，还没有严格定义。目前，一般大方草捆的断面积有：0.7 m × 0.8 m；0.8 m × 0.9 m；一般为 4 道捆绳。0.7 m × 1.2 m；0.9 m × 1.2 m；1.2 m × 1.3 m 草捆长度可达 2.5 m，一般为 5 道或 6 道捆绳。草捆重量可达 1 t。动力消耗大，有的配套拖拉机达 140 kW，机重接近 10 t。大方草捆的收集、处理必须机械化。

大方捆捡拾压捆机作业情况及大方草捆的形态如图 1-6-3 所示。

图 1-6-3　NEW HOLLAND 大方草捆捡拾左捆机和大方草捆

二、现代大方捆捡拾压捆机的基本结构型式

国际上，目前推出大方捆捡拾压捆机的公司增多，市场逐渐扩大。大方捆捡拾压捆机已经发展成为比现代化小方捆捡拾压捆机更为先进的捆草机械。大方捆捡拾压捆机相对一般捡拾压捆机的变化，主要表现在以下方面。

（一）大方捆捡拾压捆机均为直流型

1. 直流型式

从过程料流分析来看，大方捆捡拾压捆机工作流程中，料流没有改变方向，属直流型的。从喂入形式分，有底喂入和顶喂入。

（1）底喂入式。所谓底喂入，物料从压缩室底部喂入，大方捆捡拾压捆机采用底喂入的比较普遍，例如，威利格尔（WELGER）、凯斯（CASE）、科劳沃（KRONE）、克拉斯（CLAAS）、福格森（MESSEY FERGUSON）、惠斯顿（HESSTON）等公司的大方捆捡拾压捆机都采用底喂入式。底喂入过程如图 1-6-4 所示，与小方捆直流式捡拾压捆机相似。

（2）顶喂入式。所谓顶喂入，即物料从压缩室顶部喂入，例如意大利的 CICORIA 的大方捆机，其喂入过程如图 1-6-5 所示。

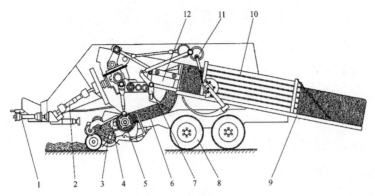

1-牵引杆；2-传动轴；3-捡拾器；4-螺旋输送器；5-切碎、喂入装置；6-预压室；
7-喂入机构；8-行走轮；9-放捆板；10-压缩室；11-大捆结构；12-压缩活塞

图 1-6-4　底喂入流程

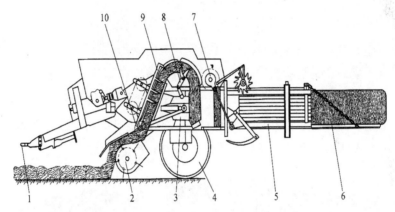

1-牵引杆；2-捡拾器；3-压缩活塞；4-行走轮；5-压缩室；6-放捆板；
7-大捆结构；8-喂入机构；9-扒齿式输送器；10-螺旋输送器

图 1-6-5　顶喂入流程

2. 大方捆捡拾压捆机的喂入过程多有预压过程

预压对改善压捆机的性能和提高草捆的质量具有重要意义。预压对于压捆机，尤其是大方捆机是一个非常有意义的过程。

（1）常用的底喂入（图 1-6-4）。田间作业过程中，螺旋输送器将捡拾的物料收缩送到预压室 6 下方的喂入口处，喂入口的下方有输送喂入叉，输送叉将物料沿预压室内壁推送至挡草爪的下方，物料在挡草爪的阻挡下被预压。当物料予压达到设定值时，电子监控系统启动喂入机构，同时预压室顶部的挡草爪也被打开，喂入叉 7 将停留在预压室内的草片一次性地喂入压缩室（如图示）进行压缩。压缩开始，喂入机构和挡草爪返回到起始位置。

（2）顶喂入过程（图 1-6-5）。田间作业过程，螺旋输送器将提升上来的物料送至预压室下方的喂入口。在喂入口上方，装有 4 排拨草叉 9 的第一输送器。拨草叉依次将物料送至第二级旋转式输送喂入机构。第二级旋转式输送喂入机构的 3 排拨叉，依次将沿预压室圆弧形内壁输送至喂入口上方，此时喂入口恰被压缩活塞遮挡住，使草片预压。紧接着第二级旋转式输送喂入机构，将片一次喂入压缩室。活塞进行压缩。

（3）现代大方捆机活塞压缩次数比较低，克劳沃 KRONE 公司的最低的只有 38 r/min，凯斯 CASE，有的仅为 25 r/min。一般最高的也仅是每分钟 60 几次。每次喂入量大，所以生产率依然很高。

（二）捡拾大方捆机多采用了新型捡拾器

1. 捡拾器都省去了凸轮

新型捡拾器，与一般捡拾压捆机上的捡拾器相比，省去了复杂的凸轮结构。捡拾器仅是一个旋转的弹齿滚筒。弹齿后倾配置，仅作圆周旋转运动。弹齿的捡拾和输送的物料在弹齿的作用下沿罩壳表面运动。弹齿在罩壳上向后输送过程中，齿端与罩壳方向的相对速度明显下降，几乎是垂直向下，弹齿过后，将物料卸放在罩壳末端，不会发生夹草和堵塞现象。这样的捡拾器，结构简单，输送能力强，运转平稳，噪音低，磨损小，故障少。好像是滚筒式捡拾结构的回归，凸轮式捡拾器的发展过程似乎是画了一个圆，又回归到了滚筒式结构的原点。新型捡拾器，如图 1-6-6 所示。

图 1-6-6　一般新型捡拾器的结构（无凸轮）

起初，滚筒式捡拾器弹齿捡拾输送的草在罩壳上向后输送的过程中，弹齿与罩壳之间的夹角太小，容易造成夹草和堵塞。只要保证弹齿与罩壳间的夹角始终大于草料与弹齿、草料与罩壳间的摩擦角之和，就不会发生夹草现象。即 $\alpha \geq (\varphi_1 + \varphi_2)$。式中，$\alpha$ 为弹齿与罩壳间的夹角，φ_1，φ_2 分别为草与弹齿、与罩壳间的摩擦角。

为了捡拾通顺，尤其速度较高的作业，KRONE 等公司在捡拾器的上方，设置弹性浮动转辊装置。转辊与捡拾器之间留有一定的浮动间隙。捡拾的草流从中间通过，草流带动转辊旋转，转动的转辊更有利于草流通过。中间的间隙随草流大小可以上下浮动。为了方便工作和栓修，转辊架可以张开，使转辊离开捡拾器，从中可以看到两端的收缩半搅龙和喂入口，如图中 1-6-7 A 张开位置。工作时不与捡拾器 B 上面黏合。

A- 圆柱形弹性转辊（摆起位置）；B- 新型捡拾器

图 1-6-7　KRONE 青饲料收获机上的捡拾器

2. 捡拾压捆机上的捡拾器的变化

（1）起始时，为了避免在罩壳上输送草过程，产生夹草和堵塞，出现了凸轮式弹齿捡拾器。这样的捡拾器得到了广泛的应用，例如，方捆捡拾压捆机、圆捆捡拾圆捆机，青饲料捡拾收获机以及农业上的捡拾器，几乎都是凸轮式弹齿捡拾器。从 20 世纪 30 年代应用在捡拾压捆机上，经久不衰。现代大方捆捡拾压捆机上的捡拾器，去掉了凸轮结构。

（2）一般在非直流捡拾压捆机上，使用的凸轮式捡拾器的直径较大。而直流式捡拾压捆机，使用的捡拾器的直径较小。在捡拾过程中，大、小直径的捡拾器的功能都很优秀。

（3）大方捆捡拾压捆机开始也是采用的凸轮式弹齿捡拾器。现代大方捆捡拾压捆机，开始采用无凸轮滚筒式弹齿捡拾器。从凸轮式捡拾器的出现到无凸轮滚筒捡拾器的应用，捡拾器的发展走了一个圆。

（三）大方捆捡拾压捆机上大多设置了切碎器

在捡拾器后面设了切碎器，将捡拾来的松散草切碎，切碎长度可低至 5 cm。切碎有利于均匀喂入，有利于草捆密度的提高，有利于草捆形态规整，有利于饲料饲喂和处理。螺旋切碎器包括螺旋切刀、固定切刀。其螺旋切刀和固定切刀装置示意图如图 1-6-8 所示。过程中因为切碎和有预压过程，所以草捆的密度高，压缩干草可达 220 ～ 250 kg/m³。

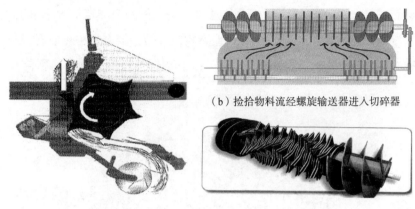

（a）切碎器的配置　　　　　　　　　　　（c）切碎器切刀结构

图 1-6-8　KUHN 公司的 870 型、890 型、1270 型、1290 型大方捆捡拾压捆机的切碎器组成

（四）采用双打结器

双打结器为 HESSTON 公司首先设计的。基本形式和零部件与一般打结器相同，其基本特点是在一次打结循环中能打两个绳结。在打捆过程捆绳承受的张力小。克服因捆绳过长影响草捆的密度，如图 1-6-9 所示。

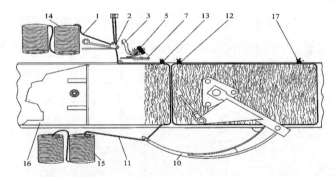

1- 上方捆绳；2- 捆绳张紧定位装置；3- 脱绳杆；4- 打结钳嘴；5- 夹绳器；6- 割绳刀；7- 拔绳板；
8- 打捆针上滚轮；9- 打捆针下滚轮；10- 打捆针；11- 下方捆绳；12- 绳结 I；13- 绳结 II；14- 上方绳团；
15- 下方绳团；16- 活塞；17- 绳结 III

图 1-6-9　双打结示意

（五）广泛采用了现代技术

（1）配置了液压草捆密度自动控制系统。压缩室左、右侧壁和顶板上装有压力传感器，用液压油缸施加压力调节密度，通过电子检测系统，将信号传递到驾驶室内的遥控器上，遥控器将预先设定的草捆密度与传感器的信息比较、自动调整油缸的压力，保证设定的压缩密度。

（2）各大公司的产品都配置了电子检测遥控系统，包括传感器，中央处理器，带有显示屏幕的遥控器和电源。检测和控制的项目有：压缩行程压力情况、每个草捆的草片数、齿轮箱输出轴的转数、草捆的密度、打捆数量等。

（六）大方草捆的基本特点

（1）大方捆尺寸大，重量大，其生产过程必须机械化。

（2）草捆形态、质量比较高。①切碎碎段不仅压缩密度高，而且草捆内部比较均匀；②捡拾器捡拾过程，在其上方的顺草架对草流施一定的压力，使输送的草变成草层，利于输送和切碎；③输送喂入均匀有利于草捆形态稳定，密度均匀；④尤其预压过程，有利于压缩密度提高和草捆形态的稳定。

（七）现代大方捆捡拾压捆机的结构外貌

（1）一般大方捆捡拾压捆机结构配置举例，如图 1-6-10 所示。

（2）一般大方捆捡拾压捆机作业情况，如图 1-6-11 所示。

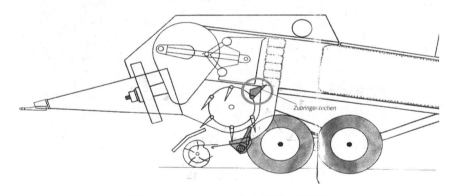

图 1-6-10　KRONE 大方捆机工艺过程

图 1-6-11　KUHN（右）、KRONE 的大方捆捡拾压捆机

（八）大方草捆的收集处理

大方草捆的收集、储运必须机械化，一般收集、处理情况，捡拾装载机捡拾田间的大方草捆，并装载牵引拖车上。或者用草捆捡拾集捆器，将草捆垛成捆垛进行储存。如图 1-6-12 所示。

图 1-6-12　大方捆收集、处理、储存

第七章 方捆缠膜机械及缠膜草捆

方草捆缠膜机（Bale Wrapper）的草捆缠膜技术起始于圆草捆缠膜。20世纪末，方草捆缠膜在市场上出现，虽然市场占有量不大，但是却孕育着深远的意义。

所谓草捆缠膜，就是用拉伸回弹膜将草捆的表面缠紧、裹严，对干草捆缠裹 2 ～ 3 层，保存草捆质量，减少损失，减少污染。对青鲜草捆缠裹 5 ～ 6 层之多，严紧密封，使其成为一个青贮单元，保证青贮过程密封不漏气。

第一节 方捆缠膜机作业过程及分类

一、基本结构与作业过程

方捆缠膜机有固定式和田间缠膜，田间缠膜机的作业过程，是将田间放置的草捆捡拾起来，并放置在缠膜架上，缠膜架带动草捆旋转缠膜。完成缠膜，停止转动，倾斜割断薄膜，卸捆于田间。另有专门的草捆收集装置，进行收集和装运。

一般田间缠膜机的基本结构如图 1-7-1 所示。

1- 草捆捡拾叉；2- 机架；3- 装在缠膜架上的可转动缠膜辊；4- 回弹膜；5- 薄膜张紧辊；6- 缠膜主架

图 1-7-1 大方捆田间缠膜机工作过程

田间缠膜机结构除了草捆捡拾器之外，基本结构如下。

（1）缠膜架、绕机架在水平面内转动，对放置在可转动的缠膜辊上的草捆进行水平方向的缠膜。

（2）可转动的缠膜辊（上面有若干带楞的辊，例如4根）带动装在其上的草捆在随缠膜架转动的同时，带楞的辊子带动其上的草捆绕水平轴转动，使草捆在水平方向缠膜的同时，进行垂直方向的缠膜。缠膜架水平面内旋转和可转动的缠膜辊的垂直方向的转动，可以完成草捆的表面完全缠膜、裹紧、密封。

（3）（一对）薄膜张紧辊由不同齿数的齿轮啮合对转，辊的表面转速不同。致使通过两个辊子的薄膜展开和张紧，保证草捆表面缠膜平整、均匀。

（4）薄膜架（图上被薄膜张紧辊遮住）是装置成卷薄膜的支架。

二、方捆缠膜机的类型

方捆缠膜机基本上分成两种结构类型。

（一）第一种结构类型

第一种类型结构的基本特征是缠膜过程中，缠膜架和缠膜草捆绕薄膜辊转动，而薄膜架和薄膜张紧辊固定。缠膜架和缠膜辊上草捆的转动，拉动薄膜进行缠膜。

田间作业时，当草捆触到草捆捡拾叉上的开关时，油缸推动捡拾叉架向缠膜架折叠，并将草捆放在可转动缠膜架上。转动缠膜辊与缠膜架一同绕机架做水平旋转运动，进行缠膜。缠膜的全过程自动进行。田间作业过程如图1-7-2所示。

第一类结构的基本特点是缠膜主架同时完成两个转动。一个是在水平面内的旋转运动。一个为缠膜主架上的可转动膜辊在垂直面内的转动，而薄膜辊支架和薄膜张紧辊的位置固定。

小方草捆缠膜原理与大方捆缠膜机相同。固定式小方草捆缠膜机，一般属于第一种结构类型方捆缠膜机，如图1-7-3所示。

（a）捡拾草捆　　　　　　　　　　　　　　（b）进行缠膜

（c）缠膜结束将要释放草捆　　　　　（d）将缠膜草捆放在田间，过程中割断薄膜

图1-7-2　第一种缠膜机田间作业过程

图1-7-3　小方草捆固定缠膜机（第一种结构类型）

（二）第二种结构类型

第二种结构缠膜机的基本特征为薄膜辊支架和薄膜张紧辊绕缠膜机转动，而缠膜主架不转动（上面可转动的膜辊依然转动）。

第二种结构缠膜机的作业过程如图1-7-4所示。工作过程中，缠膜主架固定不转动，不作水平面转动。而薄膜（辊）、薄膜张紧辊的转动架，绕缠膜草捆做旋转运动，而主架上可转动缠膜辊和第一种类型一样照样转动，保证了缠膜过程草捆两个方向的缠膜。

1- 缠膜主架；2- 薄膜辊和薄膜张紧辊；3- 膜（辊）薄膜张紧辊和其转动架；
4- 可转动的缠膜辊；5- 薄膜（辊）和薄膜张紧辊的旋转固定架；6- 缠膜的草捆

图 1-7-4   第二类方捆缠膜机

第二节   方草捆缠膜发展的意义

一、解决了青鲜草产品进入市场的基本问题

方草捆缠膜可以生产能在市场上流动的青贮草捆单元，初步解决了青鲜草产品不能进入市场的基本问题。

传统青鲜草产品（青饲料）只能就地应用，不能进入流通领域。其主要原因是青鲜草物料难以长期储存，松散产品的形式难以流通。方草捆缠膜，既保持了方草捆的产品形式，又能长期储存，具备了流通产品的基本条件。

如果技术继续完善，青鲜草产品进入流通市场指日可待。

二、为实现草资源的全方位开发准备了基本条件

目前，草产品市场是干草产品的天下。干草产品的生产过程中，资源、质量损失大，产品质量差，受气候条件的影响大，限制了草资源的开发。如果解决了青鲜资源物料长期储存和流通的问题，满足市场的需要。可在草资源发育的任何阶段开发成草产品，实现了草资源和草产品的最优开发，丰富了青鲜草产品市场。

三、为生产青鲜草产品奠定基础

传统方草捆生产机械生产的是干草产品，过程中的对象为干草，干草、青鲜草的性质不同。在生产干草捆产品的机器上生产青鲜草产品，尚有许多工作需要进行。

第八章 捡拾圆草捆机械

捡拾圆草捆机（Pickup Round Balers），其功能就是在田间捡拾草条并滚卷成圆柱状草捆的机械，简称圆捆机（Round Balers）。圆捆机是20世纪60年代中期出现的一种成型新机具。与方草捆捡拾压捆机比较，生产率可提高50%以上，劳动消耗和作业成本降低大约一半。不仅适于制备干草圆草捆，而且还能卷压青鲜饲料和低水分青饲料圆草捆。圆捆机最先是在欧美市场得到发展，例如，美国从1974年批量投产到1980年，年产量从6 757台保有量猛增到32 446台，1980年的保有量达到约8万台。当时欧洲相对增长速度稍慢些，西德1980年保有量2.1万台。80年代欧美农机市场上大约有50个商品型号的圆捆机，各公司的产品也基本形成了系列。生产干草草捆直径一般1.2～1.8 m，草捆密度γ=100～120 kg/m^3，草捆重150～400 kg，一般圆捆机每小时喂入量5～10 t。

第一节 圆草捆机械发展过程及类型

一、圆捆机初期发展情况

1940年至1950年期间，最先在市场上出现了一种小圆草捆机（Small Cylindrical Balers），可谓是最早的圆捆机（The First Round Baler），如图1-8-1所示。

图1-8-1 最早出现的圆捆机（小圆捆）

在圆捆机发展过程中，早期曾出现过地面滚卷的圆捆机（Ground-Rolling Baler），如图1-8-2所示。

TAKE-UP SPRING- 张紧辊；GATE CYLINDER- 后门油缸；PICKUP TEETH- 捡拾弹齿；RADDLE GUIDE- 显示牌；GATE-门；GATE LATCH-门锁定装置；WHEEL JACK-轮支柱

（a）地面滚卷圆捆机结构
（GROUND-ROLLING BALER COMPONENTS）

（b）美国 HAWK BILTGS 公司的地面滚卷机卷捆过程

图 1-8-2　地面滚卷圆捆机

二、现代圆捆机卷捆原理

国外 20 世纪 80 年代初，在技术上，圆捆机已经相当成熟。机型繁多，结构各异，都是滚卷室（Chamber-Rolling）内滚卷。最渊源的卷捆原理有外卷式（即所谓的威利格尔型 Welger Type）和内卷式（即所谓的威猛尔型 Vermeer Type）两大类。

（一）威猛尔（Vermeer）型卷捆原理

Vermeer 型卷捆过程：被卷捆的草进入由皮带形成的卷捆室，在皮带的作用下首先形成一个小草芯。草不断喂入，草芯不断滚卷，由小变大，最后在草捆室内，形成一个尺寸较大的圆形草捆。因为滚卷是由内向外滚卷，所以也称为内卷（绕）式卷捆。

在卷捆过程中，卷捆室直径在变化（大）。即草捆的滚卷过程中，卷捆室的大小是变化的。Vermeer 型圆捆机实际上源于美国的切尔梅斯（A. CHALMERS）公司。该公司于 1945 年就研制了一种所谓的 Roto 型（径向压缩式）圆捆机，即现今 Vermeer 型圆捆机的雏型。生产的草捆直径 0.5 m，长度 1.0 m，无端皮带卷绕草捆。由于当时配套动力不足，加之还需要绳打结，因而没有被推广，1950 年停产。1970 年，Vermeer 公司又在北美推出和 Roto 相同原理的圆草捆捡拾压捆机，其工作原理如图 1-8-3（a）所示。捡拾的草直接进入滚卷室（Rolling-Chamber），卷捆室的大小随草捆的大小而变化。当草捆达到要求时，中断喂入，绕绳（不打结）、释放草捆，草捆直径范围内的密度比较均匀。

Vermeer 型圆捆机问世后，很多欧、美农机制造商纷纷接受其技术转让，成批生产捡拾圆捆机,并经过不断改进,由长皮带卷捆室派生出链板式(Chain state)卷捆室、一根皮带式卷捆室等,发展成为现代内绕式捡拾圆捆机。

以 Vermeer(内卷式)原理为基础,发展成为长皮带、链板等型式的卷捆室的圆捆机。

1960 年年末,美国的 Vermeer 公司生产的 605、705 型圆捆机如图 1-8-4 所示。

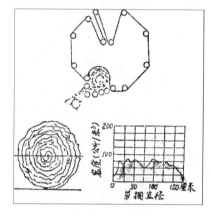
（a）Vermeer（内卷式原理）

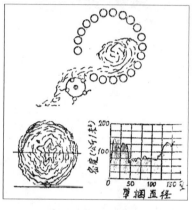
（b）Welger（外卷式原理）

图 1-8-3   圆捆机卷压原理

（a）圆捆机的结构

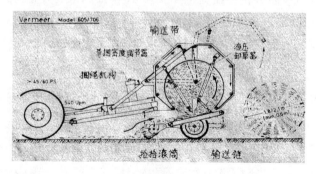
（b）卷捆过程

图 1-8-4   早期 Vermeer（内卷式）圆捆机

142

（二）威力格尔（Welger）型卷捆原理

Vermeer 型圆捆机问世不久，德国 Welger 公司于 1974 年登记了与 Vermeer 原理完全不同的圆捆成形原理。即所谓的 Welger 原理。与 Vermeer 原理比较其不同点，在于卷捆室大小是固定的，卷捆过程中滚卷室的大小不变。捡拾的草直接进入卷捆室，开始并不受压，以较疏松的状态填满卷捆室，疏松的草与卷捆室全面接触后，才逐渐强烈地进行卷压、成捆、绕绳、释放草捆，原理见图 1-8-3（b）。Welger 型圆捆机，逐步发展为现代外绕式捡拾圆捆机，其卷捆室结构有辊子式、短皮带式、链杆式等。

（三）现代圆捆机的类型

现代市场上的捡拾圆捆机可分为内绕和外绕式的两大类。所谓内绕式，在卷捆过程中，其卷捆室随草捆的大小在变化。先形成草芯，逐渐滚卷成草捆，草捆内部密度较外部大。外绕式，在卷捆过程中，其卷捆室大小、形状不变，滚卷的草捆内部密度低，外部密度比较高。一般圆捆机以卷捆结构特征（第二级分类）命名。其分类图如 1-8-5 所示。

1. 内绕式圆捆机

（1）长皮带式卷捆室，一般由若干根上皮带和若干根下皮带组成，卷捆过程中，卷捆室的大小不变，其下皮带的长度也不变。

（2）链板式卷捆室，一般由链板或链杆组成；卷捆过程中，其卷捆室的大小不变。

2. 外绕式圆捆机

（1）卷捆室由若干根短皮带组成，过程中其尺寸大小不变。

（2）卷捆室由若干辊子围成的，过程中其尺寸大小不变。

（3）卷捆室由链板绕成，过程中其尺寸大小不变。

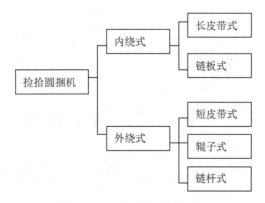

图 1-8-5　现代捡拾圆捆机分类

第二节　圆草捆机发展过程中的基本问题

圆捆机对进入卷捆室的松散草，以较低的压力达到较高的草捆密度和能实现较高的生产率。圆草捆可以在野外不加遮盖进行储存，圆草捆还有继续干燥的作用。所以，20世纪70年代圆捆机在国外已经占据了一定的市场。在方草捆占据的市场上，争得了一杯羹。但是圆捆机生产过程中的辅助时间偏长，有效作业时间短，已成为其发展过程中的短板。

圆捆机田间作业过程中，操作者必须观察过程中形成草捆的大小或密度的指示信号。当卷捆大小、密度达到要求时，必须停车甚至拖拉机还需要倒退几米，进行圆捆表面绕绳；绕绳过程草捆要在卷捆室内转动12～15圈。绕绳完毕，切断绳，打开后门卸捆。卸捆时，拖拉机有时需要缓缓前进以便草捆顺利落地。草捆落地后，关闭后门，机器才能继续作业。有数据显示，辅助时间可占到实际作业时间的45%。所以，减少辅助时间、提高工作时间利用率，一直是捡拾圆捆机发展过程的一个重要的课题。

一、圆捆机的发展过程及特点

（一）作业过程不停车法

为了在作业过程减少停车时间，在美国提出过不停车的作业方法，田间工作过程如图1-8-6所示。

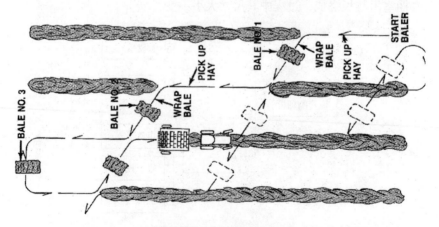

图1-8-6　不停车作业法

（1）开始（START BALER）：捆草机开始沿第一个草条捡拾干草（PICK UP HAY）作业，草捆大小达到要求时，机器离开草条，在前进中进行绕绳（WARP BALE），卸草捆1（BALE NO.1.）。

（2）机器进入第二个草条捡拾卷捆（PICKUP HAY），草捆达到要求时，机器离开草条在前进中进行绕绳（WARP BALE），卸草捆2（BALE NO.2.）。

（3）继续，机器进入第三个草条，完成草捆3（BALE NO.3.）。

（4）继续，机器反向进入第四个草条捡拾卷捆，草捆达到要求时，机器离开草条在前进中进行绕绳（WARP BALE），卸草捆4（BALE NO.4.），一直继续下去。过程中可以不停车。所以称为不停车作业法。不停车的作业方法虽然减少了停车时间，但是机器走过的距离长了。对操作者、草条的条件等田间条件的要求也高了。

（二）减少绕绳时间的方法

经过了改进和发展，形成了现代捡拾圆捆机。现代捡拾圆捆机的特点如下。

现代很多捡拾圆捆机上采用结网（Net）、塑料薄膜（Plastic film），或者采用网外绕绳（Net+Twin）取代绕绳（Twin）。如图1-8-7表示了现代圆捆机上有4种缠绕的圆草捆：Twine（绳箱）装置、Net+Twin装置、Plastic wrapper装置、Net（网辊）装置等缠绕的草捆。很多公司同时生产配套这4种相应装置，供用户选择。

（a）绕绳（Twine）　　　　　　（b）网绳（Net+Twin）

（c）塑料薄膜（Plastic wrapper）　　　　　　（d）绕网（Net）

图1-8-7　四种缠绕草捆

在圆捆圆周上进行绕网，当卷捆达到要求时，操作者操纵液压控制阀的释放绕网系统，驱动绳网喂入辊，使绳网在草捆圆柱整个长度范围内卷绕达到预先设定的程度（一般为一圈半）时，由锋利的切刀把绳网切断，之后卸捆。整个过程驾驶员只有一个手柄操作系统，其他过程自动进行。绕网、绕塑料薄膜等比绕绳大大的减少了辅助时间，如图 1-8-8 所示。

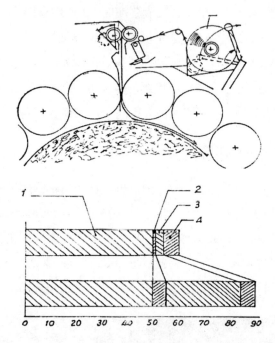

1- 卷捆时间；2- 引绳、引网时间；3- 绕绳、绕网时间；4- 卸捆时间

图 1-8-8　绕绳与绕网消耗时间比

绕网、绕塑料薄膜费用比绳要较高。网比绳价格约高 3 倍，但是，由于作业时间的利用率提高，绳网卷捆的当年的年经济效益大约提高 2 000 美元（按日作业时间 5 小时，年作业时间 20 天计）。绕网还可以减少碎草的损失，绕网技术的应用算是现代捡拾圆捆机发展的一个重要标志。

（三）双滚卷室圆捆机

最新出现了双滚卷室圆捆机。在一个机器上采用了卷捆、绕绳（网）分开进行，两者同时进行作业，实现了整机连续作业。减少了整机的辅助时间提高了生产率。CLAAS、NEW HOLLAND、JOHN DEERE、VERMEER 等公司都在开发此类机器。例如，NEW HOLLAND 公司生产的双卷室圆捆机。如图 1-8-9 所示，卷捆室和绕绳（网）室联通，前面的卷捆室卷草捆完成之后，打开分隔板，由输送带将草捆送至后绕绳（网）室进行绕绳（网）。绕绳（网）完毕，进行卸捆。两个卷捆室可以不停的同时进行作业，减少了停车绕绳（网）、卸捆的时间。

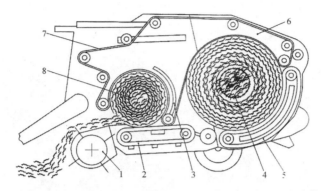

1- 捡拾器；2- 下输送带；3- 分隔板；4- 后卷捆室；5- 后皮带；6- 后门；7- 长皮带；8- 前卷捆室

图 1-8-9　双滚卷室捡拾圆捆机

二、现代圆捆机结构的发展

1. 采用宽幅捡拾器及喂入、切碎装置

现代圆捆机上多采用宽幅捡拾器。捡拾器上方的导向器，实际上是对松散草施加一定的压力，使喂入松散的草成为均匀整齐的草层，利于向卷捆室喂入，也利于卷捆。采用宽幅捡拾器之后，增加了半螺旋装置，半螺旋收缩后，增加了螺旋喂入结构，喂入均匀可靠，图 1-8-10 为 KUHN 公司生产的 FB 圆捆机的捡拾喂入装置。

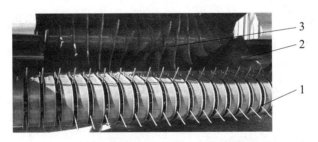

1- 捡拾器；2- 半螺旋；3- 螺旋切碎

图 1-8-10　宽幅捡拾器及喂入结构

采用宽幅捡拾器后，在捡拾器后增加两个半螺旋输送器，将物料流进行收缩使物料流的宽度与卷捆室宽度相适应，中间增加了喂入器，增强喂入性能。再加上绕网等装置，供用户选择，可称为现代圆捆机发展的第二阶段的特点。而起初捡拾器宽度与卷捆室宽度相近（等）。捡拾的物料直接进入滚卷室。20 世纪 70 年代的圆捆机基本上都是如此。可称为现代圆捆机的第一阶段的配置。

喂入前增加了切碎器，将松散的草层切碎，一般切长约 5 cm，切碎可提高草捆密度和质量，有利于动物的采食。其切碎装置，一般为旋转式切碎器与若干固定割刀组成。结构如图 1-8-11 所示。实际上，固定割刀组为割刀、旋转转子起支撑和喂入作用。

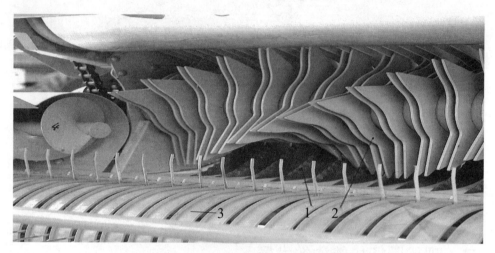

1- 定刀（切刀）；2- 螺旋切刀；3- 捡拾器罩壳

图 1-8-11　CLAAS 公司生产的 Rollant 180 型圆捆机上的切碎器

2. 采用自动操作，配备现代电子监控装置等

对圆草捆的处理、运输、储存手段也与圆捆机的发展相适应。

三、典型的现代捡拾圆捆机举例

过去一个农机公司一般生产一种型式的圆捆机，例如 JOHN、DEERE 公司生产长皮带式的内绕式圆捆机，RP510 型、RP410 型等。NEW HOLLAND 公司生产链板式内绕圆捆机 845、850 型。WELGER 公司生产短皮带式外绕圆捆机。CLAAS 生产辊子式外绕圆捆机等。现在一个公司往往生产多于一个型式的圆捆机，供用户选择。现在生产辊子式捡拾圆捆机的就有 WELGER、KUHN，FAHR、CLAAS、意大利 ENOROSSI 等公司，也同时生产其他型式的圆捆机。

KUHN 公司生产的 FB2125 辊子卷捆室圆捆机，如图 1-8-12 所示，有绳和绳网装置、切碎器等供用户选择。

生产长皮带式捡拾圆捆机的公司有 JOHN DEERE、WELGERR、VICON、NEW HOLLAND、CASE、FERABOLI、CIMAC 等。图 1-8-13 为 VICON 公司的 RV4216、RV4220 外观及卷捆过程。

KRONE 公司生产的链杆（板）式捡拾圆捆机，如图 1-8-14 所示。

图 1-8-12　KUHN 辊子式圆捆机

图 1-8-13　VICON 长皮带式圆捆机

图 1-8-14　KRONE 公司生产的链杆式圆捆机

第三节　圆草捆缠膜机械

一、圆草捆缠膜出现的背景

　　捡拾圆捆机及圆草捆在一些发达国家普遍应用之后，原有的草产品储存设施不适用了，用户又不愿轻易耗资新建或改建贮草设施。圆草捆不加防护野外储存过程中，由于风雨侵蚀，地面的潮湿等各种因素导致总损失率可高达 20%，用户难以接受，已经成为当时农机公司和研究单位的研究的重要问题。20 世纪 70 年代末至 80 年代初，不少农业工程和农机研究单位推出了圆草捆塑料薄膜保护储存技术。

　　其中较为成功的圆捆塑料薄膜防护储存方法有：一种是包膜，一种为圆捆覆膜储存。其中包膜，实际上就是圆草捆卷成之后，在其外表面套上塑料薄膜。称之为"薄膜草捆"。于 1982 年慕尼黑科技博览会上首次展出。薄膜为高强度聚氯乙烯薄膜在圆捆表面缠裹 3 层，节省了捆绳，是现代缠膜草捆的雏形。

　　所谓的圆捆覆盖储存，是将圆草捆纵向排列，分单行、双行和三行几种形式。堆排好的草捆用塑料薄膜覆盖，再加防护网。塑料薄膜一般 0.10 ～ 0.16 mm，黑色为宜。

在圆捆青贮发展过程中，英国发展较快。在 1970 年末英国农民由于遇到了变化的天气，无法生产干草，装上塑料袋堆放在那里听天由命。冬天打开塑料袋发现，青鲜的草没有霉变，竟变成了青贮饲料。据此，仅几年的时间，袋装圆草捆青贮技术传遍欧洲。英国已经有 25% 农民采用圆捆装袋青贮，即将圆捆机生产的青鲜的圆草捆装入塑料袋进行青贮。1981 年、1982 年英国农业部还推广这种技术，后来袋装青贮圆草捆传到北美。

有的在田间收集草捆时，将圆捆装进塑料袋中，封口进行青贮，如图 1-8-15 所示。

另外，20 世纪 70 年代前西德开发成功大塑料袋青贮技术。80 年代初，美国、英国有关公司也先后接受此技术，进行生产和推广。袋装青贮过程如图 1-8-16 所示。塑料袋很大，直径约 2.4 m，长 5 ～ 20 m，装满、封口、青贮。

图 1-8-15　将圆捆装进塑料袋中

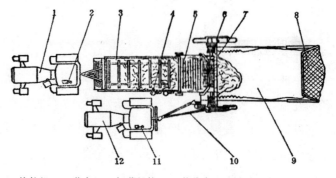

1、2- 拖拉机；3- 草车；4- 卸草机构；5- 装袋台；6- 密度调节；7- 压缩装置；
8- 后挡网；9- 塑料袋；10- 牵引杆；11、12- 拖拉机

图 1-8-16　袋装青贮

二、现代圆捆缠膜机及缠膜圆草捆

所谓缠膜圆草捆机（Round Bale Wrapper），就是用弹性拉伸回弹膜，将圆草捆外表

面缠绕裹紧、密封，保持草捆的质量，减少物料过程的损失和对环境的污染。对于青鲜草捆缠膜多层，裹紧、密封。

现代圆捆缠膜机是在现代圆捆机基础上发展起来的。有固定作业缠膜机和田间捡拾圆捆缠膜机。两者的缠膜原理、缠膜结构是基本相同的。现代捡拾圆捆缠膜机的特点是，对完成卷捆之后的草捆进行表面的全方位（包括圆柱面和两个端面）的缠膜。所用薄膜不是一般的塑料薄膜，而是拉伸回弹膜，很薄、具弹性、黏性，能紧密地贴在草捆表面上，缠膜结束之后割断或拉断薄膜，薄膜一端能粘贴在表面上不会脱落。对于干草捆缠膜 2 ～ 3 层，对于青鲜草捆，需要缠到 5 ～ 6 层，保证密封，不得漏气。使草捆成为一个单独的青贮单元。现代圆捆缠膜已经发展为多种作业形式的圆捆缠膜机，如起初为固定作业，发展为田间捡拾圆捆—缠膜，最新的卷捆—缠膜联合作业机，即所谓 Double Action Wrapper。

（一）缠膜机的类型及其作业过程

缠膜机的类型按结构不同可分为两类（结构原理、分类及结构特点与方捆缠膜机相同）。

1. 第一类捡拾圆捆缠膜机

图 1-8-17 为爱尔兰的 TANC AUTOWRAP 公司圆捆缠膜机。缠膜架（包括主架和可转动的缠膜辊或皮带）完成两个转动，即主架绕垂直轴在水平面内的旋转的同时，其上的辊子（或皮带）带动圆草捆沿其圆柱面转动，完成圆捆圆柱面和端面的全方位缠膜。薄膜辊支架和薄膜张紧辊位置固定。缠膜机结构一般包括草捆捡拾叉、机架、缠膜架、薄膜辊和薄膜张紧辊等，与方草捆缠膜机结构相似。

图 1-8-17　第一类圆捆缠膜机田间作业及缠膜圆捆

草捆捡拾器（叉）在田间捡拾草捆，草捆触碰到捡拾器上的油缸控制阀时，油缸将捡拾架连同草捆折放在缠膜架上，从薄膜辊上引导薄膜通过一对薄膜张紧辊，将薄膜的一端塞在圆捆上，启动缠膜架带动圆草捆一起在水平面内旋转运动的同时，其上的辊子带动草捆作圆周转动。过程中薄膜对圆草捆进行全表面的缠膜。当达到缠膜要求时，缠膜架倾斜，将缠好膜的圆捆倾放在地面上的胶带上，在倾斜的过程中，薄膜被割断。机器前进继续进行捡拾草捆进行缠膜。在缠膜过程，草捆转动拉动薄膜通过一对薄膜张紧辊时，一对辊间为一对齿数不同的齿轮传动，所以，薄膜通过对辊之间时能保证张紧和沿膜辊长度方向展开。这种类型的缠膜机，缠膜架完成缠膜的两个转动。

固定作业缠膜机作业情况如图 1-8-18 所示。

1- 缠膜皮带；2- 缠膜主架；3- 薄膜张紧辊等

图 1-8-18 威猛 VermeerSW2500 型圆捆缠膜机

2. 第二类型的缠膜机

如图 1-8-19 所示，缠膜架不作转动，仅上面的皮带转动带动圆捆作圆周运动。缠膜辊随支架绕圆捆转动，过程中仍能保持缠膜的两个运动。两类缠膜机，薄膜与草捆的相对运动是相同的。

图 1-8-19 第二类圆捆缠膜机

从缠膜机作业来看第二类缠膜机的结构特点，如图 1-8-20 FERABOLI 公司的 Cimac 缠膜机。

缠膜架为两个可以转动的皮带辊，拖拉机牵引，前面的捡拾夹捆器可以在田间捡拾圆捆。缠膜架上仅辊子皮带带动草捆转动。

缠膜架最简单的缠膜机如图 1-8-21 Tanco Round Bale Wrappers 所示。缠膜架为两个可以旋转的辊子，仅带动圆捆作圆周转动。薄膜绕圆捆作旋转运动。

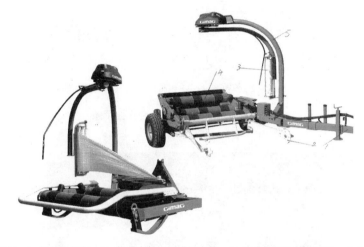

1- 牵引架；2- 捡拾夹捆架；3- 薄膜张紧辊和膜辊支架；4- 缠膜主架上的缠膜辊；5- 固定支架

图 1-8-20　固定作业（第二类）缠膜机

图 1-8-21　最简单缠膜架的缠膜机（第二类）

（二）卷捆—缠膜联合作业机

所谓卷捆—缠膜联合机，即卷捆、缠膜在一个机器内完成。卷捆过程与圆捆机的过程相同，完成卷捆后将圆捆排进缠膜机上进行缠膜。如图 1-8-22 所示。

图 1-8-23 为 KUHN 公司的 FB 现代卷捆—缠膜联合机。

卷捆—缠膜联合机的作业过程如图 1-8-24 所示。

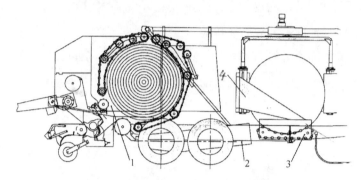

1- 圆捆机；2- 翻转平台；3- 缠膜机；4- 薄膜缠膜圆捆

图 1-8-22   卷捆—缠膜联合作业示意

图 1-8-23   现代卷捆—缠膜联合机

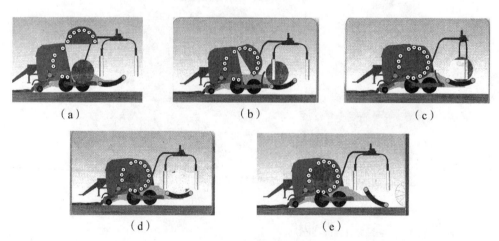

（a）卷捆完毕，打开后门；（b）关上后门，将卷捆置入缠膜位置；（c）开始缠膜，同时开始卷捆；
（d）缠膜完毕、卷捆过程；（e）缠膜机架倾斜卸卸缠膜捆包，同时卷捆完成

图 1-8-24   卷捆—缠膜联合机过程

第九章　干草压块机械

第一节　干草块和压块机的发展

干草块（Hay Cube）是成型的干草产品。在草饲料产品中，干草块具有特定的意义。

所谓草块是密实的块状草产品，在处理、运输过程，能够保持其形态和表面的完整性。在其中含有较多的长纤维，而不是粉状制品。美国称为 "dense 'bite-size' packages of hay" 即牲畜可以咬得住的小尺寸的块状干草产品。通常断面积 1.25 英寸 × 1.25 英寸，长 2 ～ 3 英寸，中等密度 0.4 ～ 0.5 g/cm³，高密度 0.8 ～ 0.9 g/cm³。储存包装方便，流动性好，便于饲喂，动物易采食。干草块中，也有尺寸较大的，如草饼（wafer）。按照国外的草块标准，草块中含有较多的长纤维，而不是粉状制品。压块过程一般常用模压式、挤压式和缠卷式。最普通的压块机是模压式。

美国是开发干草块最早的国家，使用干草压块机（Hay Cubers）始于 1950 年代中期。1954 年美国 JOHN DEERE 公司最先推出世界上第一台自走式干草压块机（Hay Cuber 400 型）。1965 年起先后生产包括自走式 Hay Cuber 425 型和固定式 Hay Cuber 390 型 400 台。其中 230 台在美国加利福尼亚州投入使用。连同 7 台固定式压块机全年收获草块 100 万 t。同年，新墨西哥州生产草块 17.6 万 t，亚里桑纳州 7.5 万 t，华盛顿州 8.8 万 t。试验表明，在美国当时的条件下，与普通捡拾压捆机比较，这类压块机成本高（加利福尼亚州每吨草块 30 美元，草捆 25 美元），但是，草块比草捆适口性高 30%，草块可促进肉牛生长，降低饲料草消耗量。生产过程碎草与精料配合，可以生产全价饲料草块。

压块机改进型 Hay Cuber 425 型的结构如图 1-9-1 所示。该机 216 hp 的发动机，压块干草含水分不超过 12%，在压块前喷水，以激发豆科草的胶质使其易于成块。一般适于苜蓿草，不适于禾本科草。如果掺入禾本科草，不得超过 10%。

在田间捡拾喷过水的草条，由螺旋搅龙输送器，经过一对喂入辊将物料喂入切碎器进行切碎。切碎的物料由大螺旋喂入环模压块装置进行压制，模压的草块，从压块装置中排出，草块经过输送器输送至后面的拖车中，在输送过程中草块进行冷却和干燥。

图 1-9-1　田间干草压块机

一、自走式干草压块机

425 型压块机的基本结构如图 1-9-2 所示。

干草块的排出输送如图 1-9-3 所示。

1- 喷水器（Sprayer）；2- 滚筒捡拾器（Cylinder-typepickup）；3- 螺旋搅龙（Auger）；
4、5- 喂入辊（Feedrolls）；6- 切碎器（Cutterhead）；7- 大直径螺旋（Large-diameter auger）；
8- 导向板（S piral bars）；9- 环模（Die ring）；10- 压辊（presswheel）；11- 压块弯折装置（Deflector）；
12- 导向板（Sheet-metal chutes）；13- 输送器（Conveyor）；14- 草块升运器（Elevator）

图 1-9-2　干草压块机结构

图 1-9-3 干草块的排出输送

二、固定式压块机

JOHN DEERE 生产的 390 型固定式压块机，压块的结构与 425 压块机相同。如图 1-9-4 所示。现代国际上生产的干草压块机，基本上是环模式压块结构。

图 1-9-4 固定式压块机

三、干草块加工厂

干草压块机，已经发展为现代干草压块工厂（或加工机组）。例如，沃润贝格尔公司（WARREN & BAERG）生产的现代干草块加工设备，将田间收获的干草或干草捆送入加工厂，用桶式粉碎机粉碎成碎段，一般为 5 cm（2 英寸长），可加工成较硬实的草块；碎段 7.6～12 cm（3～5 英寸）可加工成较疏松的草块，粉碎碎段长度由粉碎机的筛网控制。草捆的粉碎过程如图 1-9-5 所示。

粉碎生产的碎段由喂料系统喂入压块机，喂料系统为一个密封的计量箱，向搅拌器计量喂入，喂料系统如图 1-9-6 所示。

在搅拌器中，要加 2% ～ 8% 的水进行搅拌混合，也可以添加其他提高和改善草块质量的物质，如 3% 的膨润土提高草块的质量和完整性，经过搅拌混合的料进入压块机。带搅拌器的压块机如图 1-9-7 所示。

压出的草块送入冷却系统将草块降至环境温度，同时进行干燥。经过冷却干燥的草块进入仓库储存。草块的冷却装置如图 1-9-8 所示。

图 1-9-5　将草捆粉碎成碎段

图 1-9-6　喂料系统

图 1-9-7　带搅拌器的压块机

图 1-9-8　草块的冷却机

　　沃润贝格尔公司 200 型和 200 HD 型压块机每小时可生产 6～8 t 不同尺寸的干草块（图 1-9-9）。2.22 cm 长的草块适于喂羊和小动物；市场上流通的是标准传统的 3.175 cm 长的草块；7.3 cm 长的长纤维草块可用来专门喂奶牛；马可吃标准草块或长纤维草块。干草块如图 1-9-9 所示。

　　压块机设备的外观及碎段的喂入—搅拌混合—压块—冷却系统如图 1-9-10 所示。

　　从冷却系统出来的干草块进入仓库储存，将草块倒入装载机的漏斗进行装载，装载机备有草块细粉的回收装置。装载机如图 1-9-11 所示。

图 1-9-9　生产的 3 种尺寸的干草块

图 1-9-10　有两台压块机压块系统

图 1-9-11　草块出厂装载机

四、干草块的储存与饲喂

干草块必须干燥储存，可以仓储，也可以袋装。机械化储存、处理，如图 1-9-12 所示。

干草块饲喂方便，机械化饲喂，如图 1-9-13 所示。

美国的兰代尔（LUNDELL）公司、德国法尔（FAHR）、德国威利格尔（WELGER）、丹麦的塔鲁普（TARRUP）、法国的里维尔（RIVIERRE CASALIS）也都生产了多种型式的干草压块机。前苏联在 1960 年开始引进研究干草压块机。

西欧在 1920 年就出现了干草压粒机，直到 1940 年以后，才得到应用。所谓干草颗粒不同于干草块，是干草粉压制成的颗粒产品。现代颗粒压制机，其中有美国的加利福尼亚压粒机（CPM）公司、丹麦 EMM（ESBJERG MATADOR MAWSKINER）公司、瑞士布勒（BUHLER）公司、英国李斯特（LISTER）公司等的产品齐全、有名气。干草颗粒与干草块的生产原理基本相同。

图 1-9-12　干草块的储存、处理

图 1-9-13　干草块的机械化饲喂

第二节　干草饼和压草饼机

所谓干草饼（Waffers）比草块的尺寸大，通常是圆柱状。干草饼的生产，一般有压缩式、缠绕压制式等。

一、缠绕式压饼机

草饼是指长草或碎草直接压制而成的草产品。压饼机中历史上比较典型的，算是辊压式或缠绕式压饼机。这种压草饼的方法，先是前西德在 1965 年前后出现的，采用的辊压结构原理。有若干根（例如 4 根）旋转的辊子绕成的滚卷室，将散草辊压成密度较高的草棒，草棒在辊压中沿辊子轴向移动，在移动中将其切成圆柱状的草饼（例如直径 60 ～ 70 mm，高 40 ～ 60 mm）。

缠绕辊压原理如图 1-9-14 所示。压出草棒的端面情况如图 1-9-15 所示。

这种压饼机对草的含水分要求不严格，功率消耗低，可连续工作。其基本问题是草饼表面质量差，表面上草易脱落，影响了推广应用。

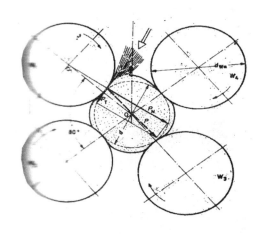

（a）辊压室断面图

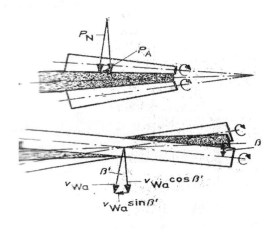

（b）辊子轴向配置（两种形式）

图 1-9-14　缠绕辊压原理

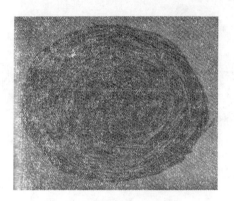

图 1-9-15　草棒的端面情况

二、其他型式的压饼机原理

1. 活塞（冲头）压缩式压饼机

如同压捆机，如图 1-9-16 所示。

活塞（冲头）压缩式压饼机将干草压成密度高的草块需要的压缩力很高。

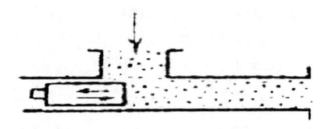

图 1-9-16　活塞压缩式

2. 螺旋搅龙式压饼机

螺旋搅龙挤压式压饼机的一般过程是喂入碎草，螺旋搅龙叶片进行挤压。

作业原理如图 1-9-17 所示。

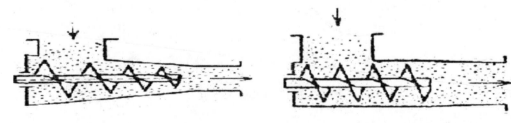

（a）锥螺旋搅龙式压饼原理　　　　　　　（b）一般螺旋挤压原理

图 1-9-17　螺旋挤压式

第十章　青饲料收获机械

青饲料收获机械（Forage Harvesters）是将饲料资源收割、收集制成可直接饲喂的青鲜饲料产品的机械。青饲料收获机械的发展始于 19 世纪末 20 世纪初，一般是在玉米收获期将玉米割下来（或去穗后），切成碎段饲喂牲畜或进行青贮。资料显示 1925 年美国就出现过青饲料收获机。1940 年以后的青饲料收获机械广泛应用。在欧洲和前苏联的青饲料收获机是第二次大战过程中发展起来的。

第一节　青饲料生产的发展

青饲料收获机的发展，依赖于青饲料的需求与应用。青饲料除了满足青鲜直接饲喂牲畜的要求之外，调制成青贮饲料，还改善了青鲜饲料的品质，提高了牲畜的适口性，且能够长期储存。青贮饲料的出现，实现了牲畜可以全年饲喂最佳的青鲜饲料的可能。青贮饲料的发展，极大地促进了青饲料收获机械的发展。

一、青饲料生产的发展过程

所谓青饲料，即直接饲喂牲畜的青鲜状态的植物碎段。青（鲜）饲料的状态、营养成分最接近饲料资源的原状态。青鲜富有营养，适口性最佳，牲畜喜食。青饲料的应用，实现了从饲料资源到饲喂过程的最直接、最接近，损失也最少。青鲜饲料虽然是饲料资源的初级、原始的利用形式，但也是饲料资源最佳的利用形式。从传统的畜牧业到现代畜牧业发展过程中，尤其养牛业的发展，都伴随着青饲料和青饲料机械的发展过程。国际上发展畜牧业，尤其养牛业，一开始就特别注重青饲料的生产。例如，法国、英国等发达国家都特别注重青饲料的生产发展。凡是饲养反刍动物的农场，他们都在致力于以青贮饲料代替干贮（草）饲料的工作。英国 20 世纪末青贮的比例已经达 80% 左右，法国的农场青贮的比例也越来越高。美国的玉米青贮 2001 年达到了 61.48 亿英亩（1 英亩 =0.405 hm²。下同）。

1. 起初的青饲料和一般的饲喂形式

最原始的饲喂牲畜方式，就是将青鲜饲料资源直接进行饲喂。为了提高牲畜的适口性和饲喂效果，逐步进展到将青鲜饲料资源切碎，用青饲料碎段饲喂牲畜。开始时期的切碎段比较粗糙，逐步进展到较精细的切碎青饲料，如图 1-10-1 所示。起始的饲喂方法也比较原始，逐步发展为现代的最佳饲喂方法如图 1-10-2 所示。

图 1-10-1　切碎的青饲料　　　　　1-10-2　高效青饲料饲喂牲畜

2. 青贮饲料的出现

由于季节的影响，青饲料不能长期储存，牲畜不可能全年饲喂青鲜饲料，所以，饲养业只能饲喂干草饲料。干草饲料较青鲜饲料营养损失大，适口性差，饲喂效果也较差。

所谓青贮饲料，就是将青鲜饲料经过调质处理（乳酸发酵）的青鲜饲料。其适口性更好，可以长期储存。青贮饲料可为牲畜提供全年的青鲜饲料，使牲畜全年都能饲喂青鲜、可口的饲料，极大地促进了养牛业的发展。青贮饲料的出现，可视为青饲料生产发展的一个里程碑。乳酸发酵青贮出现之后，青贮饲料技术快速度发展，高湿度青贮饲料、低湿度青贮饲料、添加青贮饲料；玉米秸秆青贮、牧草青贮、其他饲料资源青贮等。相应的青饲料机械技术在全球得到了广泛的应用和较快的发展。现代美国青贮饲料生产的一般机械化形式包括两种类型。

一般青贮饲料（Silage），含水分较高，或者叫高湿度青贮饲料（例如含水分约70%）。在美国广泛应用玉米饲料资源进行青贮饲料（Silage）的生产。例如，典型的现代收获系统（TYPICAL SILAGE HARVESTING SYSTEM）。如图 1-10-3 所示。使用中型玉米青饲料收获机（Direct-cut Medium Duty Forage Harvester）、三台饲料车（Forage Wagons）将饲料碎段运到青贮地，用饲料碎段抛送机（Forage Blower）送到青贮塔中进行青贮。

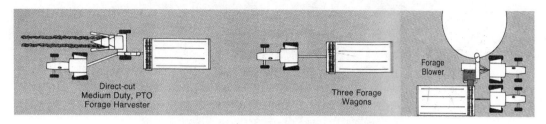

图 1-10-3　青贮饲料（Silage）生产系统

低湿度（含水分 50%）青饲料，一般是指将发蔫的饲料资源进行青贮（wilted-silage），也叫 Haylage。在美国广泛应用的低湿度青贮饲料生产系统如图 1-10-4 所示。牵引式割草压扁机（Windrower）收割过程形成草条，草条的含水分约为 50%，用中型捡拾切碎机—饲料车（Medium Duty Forage Harvester Pickup）进行收获，用两台饲料车（Forage Wagons）将碎段运到青贮地，用风送机（Forage Brower）将碎段抛送玉米青贮饲料塔进行青贮。

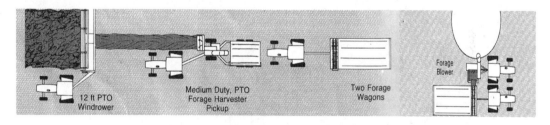

图 1-10-4　青贮饲料（Haylage）生产系统

二、饲料的青贮方法

一般饲料的青贮方法，是将青饲料切碎、堆积、致密、密封、乳酸发酵。按照饲料发酵青贮的型式，一般有塔（Silo）贮、窖（Cellar）贮和其他方法的青贮等。

1. 筒仓塔青贮

美国一般用塔（Silo）贮或叫筒仓青贮，如图 1-10-5 所示。

所谓塔贮，即将收获运回的青饲料碎段，用拖拉机驱动风送机（Blower），将饲料抛送至塔内，拖拉机的功率（马力）与抛送的高度（英尺）相当。如图 1-10-6 所示。将碎段抛送到青贮塔中，压实、密封、青贮和饲喂。

图 1-10-5　美国罗彻斯特（ROCHESTER SILO）筒仓

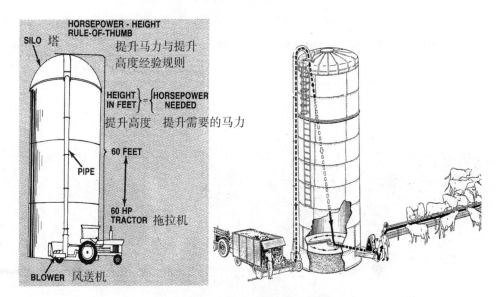

1-10-6　向筒仓装料和卸料饲喂

美国的混凝土筒仓（Silo）始于 1908 年，早期的筒仓尺寸范围直径很小，一般 2.5 ~ 3.6 m。高度 3.6 ~ 12 m。当农民认识到筒仓在发展畜牧业上的意义时，1908—1940 年，数以百计的筒仓在美国农场建造起来。1940—1960 年，工艺技术的进步、饲料生产设备的发展，使农民大规模的收获饲料并更有效地存贮于筒仓中，是促进筒仓发展的基本因素。塔贮发展的因素主要有以下方面。

一是筒仓自动卸料装置能将仓底的饲料卸干净，并将其自动运送至牲畜处进行饲喂。从收获、储存、饲喂都实行了机械化。

二是筒仓不仅可用于储存玉米，也可储存牧草、燕麦、玉米粉、玉米粒和其他农作物，筒仓用途广泛，效益十分显著，因而不断发展。

三是筒仓占地面积小，不受气候影响，也不污染环境，设备配套，使用方便，机械化程度高，投资使用寿命长，因而筒仓一直是美国农场上的主要的储存系统。

2. 窖贮、平台青贮

其他国家的青贮型式多种多样，从传统地下窖青贮发展到平台青贮、大裹包青贮、简易堆积青贮等。例如英国广泛应用地面青贮。如图 1-10-7 所示，将碎段运至青贮处卸车和压实。如图 1-10-8、图 1-10-9 所示，覆膜、草捆缠膜等平台青贮等。

图 1-10-7　青贮前的卸车和压实（英国）

（a）覆膜—压实—密封

（b）覆膜压实和袋装圆捆青贮

图 1-10-8　平台青贮（英国）

（a）英国青贮饲料的装运

（b）加拿大青贮平台

图 1-10-9　青贮饲料的装运和青贮平台

3. 青鲜混合饲料

人们开始饲养牲畜不久，就知道喂草时加点精料，增加牲畜的营养。现代配合饲料（粉状）的出现，可以根据畜禽的生产、生长的需要，饲喂全价饲料，实现了集约化封闭、计划饲养，取得了最优的饲养效果。全价配合饲料成为现代饲养业标志性成就，也推动了全价混合粗饲料的发展。所谓全价混合粗饲料，就是将食草动物的主料—青饲料（青贮饲料或青饲料的碎段）根据牲畜的需要，添加上蛋白质、维生素等添加成分，混合为牲畜的日粮，满足牲畜的生产、维持的需要。实现科学、高效、封闭饲养，已经发展成为现代食草畜养殖业的基本特征。食草畜全日粮混合饲料机械技术，将在下一章进行介绍。

第二节　初期青饲料收获机械与分类

一、初期青饲料收获机械型式

资料显示，1920 年已经开始使用青饲料收获机收获青草饲料，捡拾草条、切碎，将切碎段抛向车箱中，运回应用。如 1929 年、1936 年的收获青饲料的机械情况如图 1-10-10 所示。

初期美国青饲料田间收获玉米茎秆如图 1-10-11 所示。图 1-10-12 为前苏联 1941 年青草饲料收获。图 1-10-13 为前苏联 1946 年青饲料收获机。

（a）　　　　　　　　　　（b）

（c）　　　　　　　　　　（d）

（a）1929 年的捡拾草条收拾情况　（b）、（c）、（d）1936 年的青饲料收获情况

图 1-10-10　初期的青饲料收获

图 1-10-11　初期美国玉米秸秆青饲料收获

图 1-10-12　前苏联青草饲料收获

图 1-10-13　前苏联初期青饲料饲料收获

在使用田间收获机初期，固定式切碎机也得到了应用。即将田间收获的茎秆运回运用固定式青饲料切碎机进行切碎。当时的切碎机已经比较完善，如图 1-10-14 所示。

当时切碎机的基本功能是将高秆或青草切碎。切碎器有滚筒式和盘刀（轮刀）式。在固定式的青饲料切碎机的基础上，在一些发达国家，主要还是发展了田间青饲料收获机。青饲料收获机机开始时，很多简易的青饲料收获机结构特征多是往复切割器，采用大拨禾轮，如图 1-10-15 所示。

前苏联对大拨禾轮式青饲料收获机研究的比较多。除此，还在青饲料收获机上装上了检拾器，检拾、切碎牧草。前苏联也生产类似机械，如图 1-10-16 所示。

（a）盘状切碎器　　　　　　　　（b）滚筒切碎器

（c）加强抛送能力加风送的切碎器

图 1-10-14　青饲料切碎机

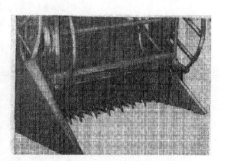

（a）法国大拨禾轮青饲料收获机　　　　　（b）美国大拨禾轮青饲料收获机

图 1-10-15　大拨禾轮青饲料收获机

1-机架；2-传动轮；3-输送器；4-喂入器；5-齿；6、7-捡拾齿；8-捡拾滚筒；9-捡拾器罩

图 1-10-16　捡拾器青饲料收获机

发展青饲料收获机械最有代表性的就是美国和欧洲。初期收获低秆牧草资源，由割草机、切碎器，加装上捡拾器，就可进行检拾、切碎收获牧草青饲料。而高秆青饲料资源，是以青玉米和摘去玉米穗的秸秆（Stover）作为青饲料或进行青贮。起始时期的高秆青饲料收获机由两部分结构组成，前部为高秆饲料资源收获台（Row Crop Head）完成直接收割高秆饲料资源，包括高秆玉米和玉米秸秆（Stover）；后缀（包括切碎器等）完成对收获台收割的植株喂入、切碎及碎段的输送和抛扔等。

低秆青饲料的发展，相应地收获低秆的青饲料收获机也得到了发展。低秆青饲料收获机械，也由两部分结构组成，即前部低秆饲料资源收获台（Driect Cut Head），完成直接收割低秆饲料资源；后缀（切碎器等）将收获台的收割的植株进入、切碎及碎段的输送和抛扔等。

低水分或半干青贮饲料的应用，相应地捡拾器青饲料收获机械得到了进一步发展。捡拾器青饲料收获机械前部是草条捡拾收获台（Windrow Pickup Head）完成直接捡拾收获草条饲料资源；后缀（切碎器）完成收获来植株的进入、切碎及碎段的输送和抛扔等。

早期国外（如美国）还采用连枷式（FLAIL）收割机。这种收割机结构最简单，价格低廉，用途广泛，不仅可以收割牧草、青饲料或青饲玉米，而且可用来切碎甜菜叶或马铃薯藤。连枷式切碎机除了切碎饲料之外，还能捡拾单行或双行的草条，在不需要辅助装置的条件下并将其切碎，进行青饲料的生产，即所谓的连枷式青饲料收获机。

二、青饲料收获机的分类及发展

20 世纪 60 年代青饲料收获机械发展的基本情况及初期青饲料收获的类别如图 1-10-17 所示。

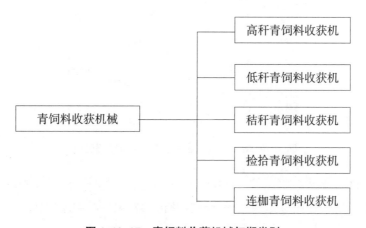

图 1-10-17　青饲料收获机械初期类别

第三节　现代青饲料收获机的发展

一、通用式青饲料收获机的发展

通用式青饲料收获机是现代青饲料收获机的基本型式。

（一）青饲料收获机械发展的思路—通用式青饲料收获机

由前可悉，不论收获什么样的青饲料资源，或者直接饲喂或者进行青贮，其收获机械结构可分成两大部分，即收获台（Head）和后缀（Suffix）。不同的饲料资源的收获台不同，但是其后缀的功能基本相同，即收获台采集的饲料资源喂入后缀，进行切碎和切碎段的输送和抛扔。因此，后缀完全可以采用相同的结构和工艺过程。在这样的思路指导下，通用式青饲料收获机形成了。所谓通用式青饲料收获机，即收获不同饲料资源时，除了对资源直接采集的结构型式不同外，其后缀的喂入、切碎以及碎段的输送、抛送装置等都是相近的。所以，可把喂入、切碎、输送、抛出的相同结构组成为一体，称为主机（后缀）。主机的一般工作过程包括喂入、切碎、输送、抛扔，如图1-10-18所示，通过喂入器，将饲料喂入切碎器进行切碎，切碎段被抛出机外。

图1-10-18　主机（后缀）的结构及工艺过程

一个主机配上不同的收获台（Forage Head），完成不同饲料资源的收获，可称为通用式青饲料收获机，这应该是现代青饲料收获机的发展思路和现代通用式青饲料收获机发展的基本过程。

现代通用式青饲料收获机的形成，即由主机配上高秆收获台（Row Crop Head）、草条捡拾台（Windrow Pickup Head）、低秆收获台（Direct—CutHead）。秸秆收获台（Stover Head），就可以对不同形式的饲料资源进行收获。纵观国际上几乎所有型式的青饲料收获机都是按照这样的模式发展的。

（二）青饲料收获机的近代发展

近代又出现了很多新型式青饲收获机，例如，CLAASJAGUAR 公司推出的 New Maze Header 转子式收获机，一个收获台（Head）可以兼收获对行和不对行的玉米饲料资源。如图 1-10-19 所示。还配套上低秆割草收获台（Direct—CutHead），割幅达 6 m；还有草条捡拾台（Windrow Pickup Head）。其后缀主机是相同的。还有与此相似的 Jaguajar 系列自走式青饲料收获机等。这种转子收获机，也成为通用式青饲料收获机中的一种高低秆收获台（Direct—Cut Head）。如图 1-10-19 所示。

转子青饲料收获机的后缀配上草条收获台的作业情况如图 1-10-20 所示。

图 1-10-19　JAGUAR900 转子青饲料收获机（Direct—Cut Head）

图 1-10-20　CLAASJAGUAR 转子青饲料收获机配捡拾器（Windrow Pickup Head）

再例如意大利（ITALIA）PTTINGER 转子式青饲料收获机，如图 1-10-21 所示。这样的收获机，也能配套草条捡拾收获台、割草收获台。实际上这种转子收获机就是通用式青饲料收获机的一种收获台。如白俄罗斯 KSK-100 自走式转子青饲料收获机的配套的各种收获台，如图 1-10-22 所示。

1- 扶禾器；2- 分禾器；3- 滚筒转子；4- 底架；5- 切刀；6- 切碎器罩壳；7- 抛扔筒转向器；8 揽禾杆

图 1-10-21　PTTINGER MEX6 转子青饲料收获机

图 1-10-22　白俄罗斯 KSK-100 自走式青饲料收获机配套收获台（HEAD）

由图 1-10-22 可见，转子青饲料收获机也有低杆往复切割器收割台，转子收获台（不分行），捡拾器收获台，主机（后缀）。

由此，可以将配套其他收获台的转子青饲料收获机并入通用式青饲料收获机的大类之中。

除此之外，可以将连枷式青饲料收获机和不存在配套其他收获台的高秆、低秆兼用型收获机，或不分行型的高秆兼用收获机等都可以归入其他型式青饲料收获机中。

二、现代青饲料收获机的分类

现代青饲料收获机的分类进一步演变成图 1-10-23 所示。显然青饲料收获机的基本型式和发展趋势为通用型青饲料收获机。

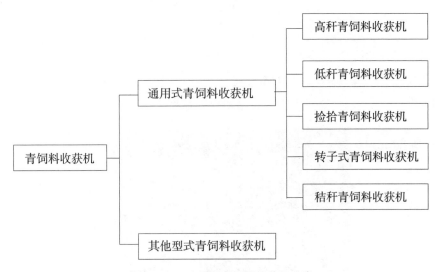

图 1-10-23 现代青饲料收获机分类

第四节 现代青饲料收获机械结构特点

一、现代通用式青饲料收获机械结构

现代通用式青饲料收获机械的基本结构包括主机（后缀）和不同的收获台。

（一）主机（后缀）的结构

主机包括喂入器、切碎器和碎段输送（抛送）器等。现代青饲料收获机，可以加上碎段的处理（致碎、破节）或者玉米粒的磨碎等装置。

1. 喂入器

（1）最普通的喂入器（卧式），由上下喂入辊组成。其功能是将松散的物料压紧密，使物料在压紧状态下进行切碎。结构的基本形式如图 1-10-24 所示。

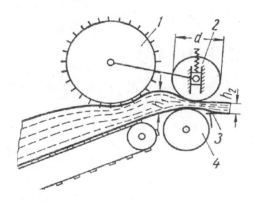

1、2- 上喂入辊；3- 切碎支撑；4- 下喂入辊；h_2- 喂入的物料层厚度

（a）喂入结构示意图

（b）上、下喂入辊结构

图 1-10-24　喂入器

（2）立式喂入器，其喂入辊为立置的。因为切碎器都为上下切碎，立式喂入器与切碎器的配置不佳，故很少用。

2. 切碎器有滚筒式和盘状式

（1）滚筒式切碎器的配置，并有磨刃装置（Knife Sharpeners）。为了细切，可增加刀片数（有的达 24 片）或者在滚筒切碎器下面加不同的筛网，见图 1-10-25（b）（RECUTTER SCREEN），对碎段进行破节和对超长的碎段进行再切碎等提高碎段的质量。

切刀的布置：为保证切碎过程实现剪切，避免碎段向滚筒一个方向偏流和轴向受力平衡，一般滚筒上的刀片方向按螺旋方向配置，如图 1-10-26 所示，是 JOHN DEERE 公司的青饲料收获机 Dura-Drum 滚筒和 KRONE 的人字配置切碎滚筒。

主机的结构配置及物料流，结构紧凑，物流流畅。碎段的处理、输送、抛扔等，如图 1-10-27 所示。

滚筒式切碎器主机与收获台的挂接非常方便，如图 1-10-28 所示。

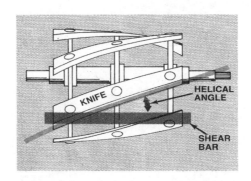

（a）滚筒式切刀（KNIFE- 切刀、SHEARBAR- 切碎支撑、HELICALANGLE- 切碎螺旋角）

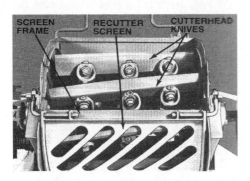

（b）筛网（SCREENFRAME- 筛网架、RECUTTERSCREEN- 筛网、CUTTERHEADKNIVES- 切刀）

图 1-10-25　滚筒式切碎器

（a）JOHNDEERE 青饲料收获机上 Dura-Drum 滚筒 36 或 48 刀片

（b）KRONE Bix 青饲料收获机的切碎滚筒，有 20、28、40、48 片刀片

图 1-10-26　滚筒上切刀的配置

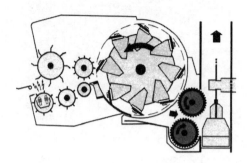

（a）喂入辊、切碎滚筒、碎段和玉米粒破碎辊、抛扔器

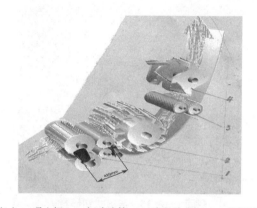

（b）1-喂入辊；2-切碎滚筒；3-碎段破碎辊；4-抛扔器

图 1-10-27　滚筒式切碎器主机的结构及料流

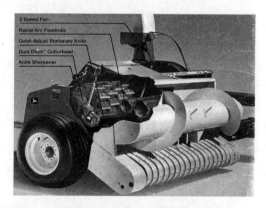

图 1-10-28　滚筒式切碎器主机与收获台（捡拾器）的挂接

（2）盘状切碎器，或称轮刀（FLYWHEEL）。在盘上，大致径向配置切刀和抛送叶片，其配置如图 1-10-29 所示。

盘状切碎器，径向尺寸大，轴向尺寸较小。切碎冲击力大，抛扔能力强。一般可不加专门的抛扔叶片。盘状切碎器主机结构及料流，如图 1-10-30 所示。

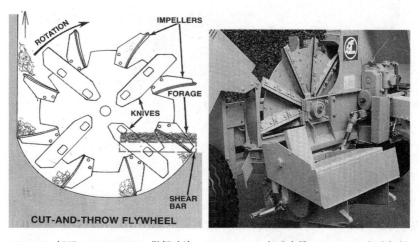

KNIVES-切刀；IMPELLERS-抛扔叶片；SHEARBAR-切碎支撑；FORAGE-切碎饲料

图 1-10-29　盘状切碎器及其结构

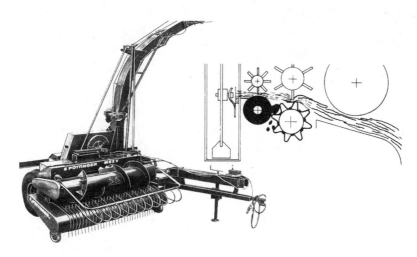

图 1-10-30　盘状切碎器主机结构（左图）及料流（右图）

　　为了增加碎段的青贮发酵，提高饲料的质量和对玉米粒的磨碎，与辊筒切碎器一样，在切碎后，可增加破碎辊等装置。

（二）收获台（Head）

1. 高秆收获台（Row Crop Head）

　　高秆收获台起初是分行收获台即分行高秆饲料收获台，是青饲料收获机上最典型的收获台。

　　基本结构有分行（禾）器、挡禾杆、饲料夹持输送器、切割器等，如图 1-10-31 所示的 JOHN DEERE 公司生产的 Row Crop。

图 1-10-31　分行收获台、蛇形皮带夹持输送器

（1）分行（禾）器和饲料夹持输送器，一般为链条夹持器或蛇形皮带夹持器（图中蛇形皮带夹持输送器），生长的茎秆在其夹持下进行切割，并连续夹持割下的茎秆向后输送，并保持茎秆顶部向前倾，使其根部顺利地进入喂入辊。其过程如图 1-10-32 所示。

（2）前苏联和东德发展大拨禾轮式高秆青饲料收获机，如前东德的 E281，前苏联的 CK-2.6。青饲料收获机如图 1-10-33 所示。

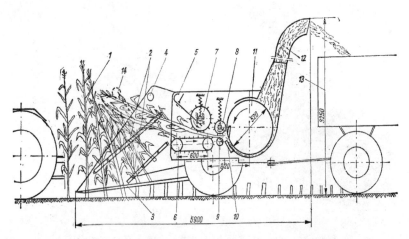

1- 茎秆；2- 夹持输送器；3- 切割器；4- 挡杆；5- 导茎杆；6- 链带式输送器；7- 喂入初压辊；
8- 喂入器上辊；9- 喂入器下辊；10- 切碎支撑；11- 切碎滚筒；12- 碎段抛出；13- 拖车；14- 附压茎秆

图 1-10-32　分行青饲料收获机夹持茎秆的情况

图 1-10-33　大拨禾轮青饲料收获机

2. 草条捡拾台（Windrow Pickup）

包括捡拾器、螺旋输送器，如图 1-10-34（a）所示。

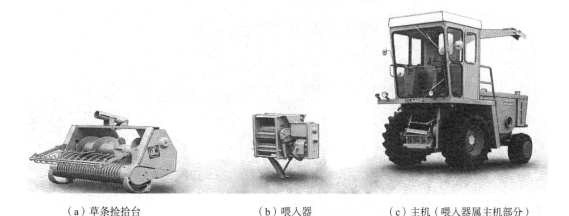

（a）草条捡拾台　　　　　　　（b）喂入器　　　　　　（c）主机（喂入器属主机部分）

图 1-10-34　CLAASJACUAR70 收获机

3. 低秆收割台

低秆收割台是直接收割台或叫割草台（Direct-Cut Head），实际上就是割晒机，包括拨禾轮（一般为凸轮式拨禾轮）。在近代饲料收获机上，往复式切割器、螺旋输送器实际上就是割草压扁机（不包括压扁辊）的结构，如图 1-10-35 所示。

图 1-10-35　CLAAS 低秆饲料收获机（割草台）

4. 秸秆收获台

秸秆收获台（Stover Head），是将田间去穗后生长的玉米秸秆进行收割，通过螺旋输送器将茎秆喂入主机的喂入辊，如图 1-10-36 所示，将茎秆夹持、切割、输送至螺旋输送器收缩、喂入主机。

图 1-10-36　秸秆收获台（STOVERHEAD）

5.转子式高秆、低秆不分行收获台

转子式不分行收获台实际是直接收割台。

转子式高秆、低秆不分行收获台（DIRECT-CUT HEAD）即直接收割台，前已述及，见图 1-10-19、1-10-21。

二、通用式青饲料收获机生产过程分析

通用式青饲料收获机的生产过程，就是将不同的饲料资源，进行收获和生产出"饲料碎段"。青饲料收获机的产品就是"碎段饲料"。基本要求，能够切细，破碎，满足牲畜饲喂生理要求，利于青贮和继续加工。所以通用式青饲料收获机的全过程就是由各类饲料资源生产出符合发展要求的"饲料碎段"产品，这就是青饲料收获机的最基本的功能——将广泛的饲料资源能生产成饲料碎段，进一步优化"饲料碎段"产品，使其更符合牲畜饲养要求，反应在青饲料收获机械的发展过程中。通用式青饲料收获机，除了各类收获台之外，主要是主机部分。主机部分生产过程如下。

（1）喂入辊的功能就是将蓬松茎秆压缩成较密实、均匀的茎秆层，均匀地向切碎器喂入，尽量接近切碎器，利于切碎；喂入过程顺畅、可靠、速度均匀可调，不堵塞，茎秆层的茎秆方向应该顺喂入方向；喂入辊应能反转，以备排除堵塞。喂入口（上下辊间距）对喂入量的大小的适应性强，也可对喂入的物料进行压紧，喂入量大也能顺利通过。

（2）切碎器应该具有一定的高速度，切刀与定刀的间隙要小而均匀，实现剪切。

（3）过程中料流应该通畅、均匀，不堆积，不堵塞，可以在过程中对碎段进行破节、破碎和对玉米粒的磨碎等。

（4）滚筒式切碎器的收获过程，料流是直流的。过程中料流没有改变方向，整个过程料流比较均匀。盘状切碎器青饲料收获过程，喂入至切碎器，流料改变方向，其料流

为非直流。

（5）碎段抛送，能够满足向饲料车抛送要求，抛送高低、方向可调。

鉴于通用式青饲料收获机中，一个主机可配各类资源收获台，适宜于不同类型的饲料资源。因此主机与收获台必须相适应，收获台与饲料资源必须相适应。其基本主参量应该是喂入量，即每秒进入机器的饲料量。喂入量与分行、不分行，高秆、低秆、草条等饲料资源形式应该相适应。

第五节　连枷式细切饲料收获机

连枷式细切饲料收获机（FLAILFORAGEHARVESTER）是在连枷式收获机的基础上演变而来的，连枷式收获机如图 1-10-37 所示。

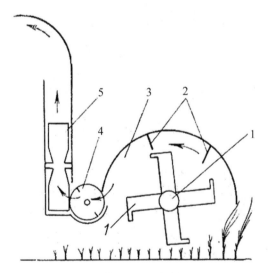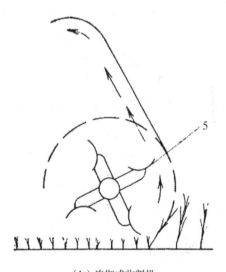

（a）细切式青饲料收获机　　　　　　　　　（b）连枷式收割机

1- 连枷转子；2- 切碎阻隔；3- 罩；4- 输送（或切碎）装置；5- 抛送器（或细切装置）

图 1-10-37 连枷式饲料收获机

因为连枷式青饲料收获机的切碎段比较长，且不均匀。所以在连枷式青饲料收获机的基础上增加了细切装置。可将生长的资源植物收割（碎）抛至螺旋输送器槽中，送至切碎器进行细切，同时抛出机外。图 1-12-38 为丹麦 TAARUP 的连枷式细切青饲料收获机。连枷切割器，将草资源切个下来，将岁段抛至螺旋输送器中，螺旋输送器将碎段送入细切碎器进行细切，并将细切的碎段抛出机外。

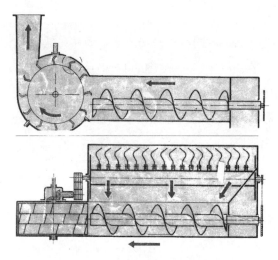

图 1-12-38　连枷式细切饲料收获机

第六节　新型饲料收获机及结构

最近市场上出现的新型大型饲料收获机。实际上也是向通用青饲料收获机方向发展。其特点也代表了现代青饲料收获机的新发展。

一、自走式青饲料收获机

KRONE 推出现代大型 BIGX 系列大型自走式青饲料收获机，配高秆、旋转切割器低秆、捡拾器等收获台。如图 1-10-39 所示。其结构特点如下。

（1）超宽割幅，BigX1100，工作幅宽达 10.5 m，发动机功率 1 078 hp（793 kW），割刀连续切割，如图 1-10-40 所示。

（a）整机

（b）收获台（Direct Forage Head）

图 1-10-39　KRONE BiGx1100 高秆青饲料收获台

1- 茎秆；2- 拨禾器；3- 割刀

图 1-10-40　KRONE Bix1100 自走式青饲料收获机高秆轨道切割器

（2）3 对喂入辊，对物料层施压 4.6 t 的压力，装有金属探测器，喂入辊压缩距定刀最大距离 820 mm，压缩距离长，预压效果优，有利于切碎。液压驱动，可实现切碎长度调节。碎段输送连续流畅，适应性强，配上了不同形式的碾压辊，如图 1-10-41 所示，喂入的物料层密实，有利于切碎。切碎器与底刀的间隙固定和抛扔器与底板的间隙能保持最佳。

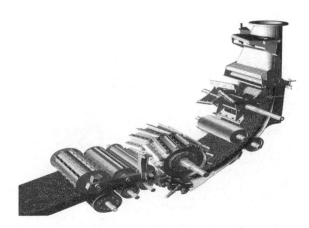

三对喂入辊：滚筒切碎器—碾压辊—抛送器

图 1-10-41　主机中的结构与物料流

（3）为满足生物燃料的需求，要求更高的频率切碎器，设置了 20、28、40、48 片刀。48 片刀的滚筒切碎长度为 2 ～ 12 mm。切碎滚筒宽度为 800 mm、860 mm，如图 1-10-42 所示。装有各种形式的玉米磨碎辊如图 1-10-43 所示。

（a）28片刀切碎滚筒　　　　　　　　　（b）48片刀切碎滚筒

图 1-10-42　两种形式的刀片

图 1-10-43　两种形式的磨碎辊

（4）KRONE Easy Flow 无凸轮式捡拾器，速度高，零件少，磨损更少，维护成本低，对负荷适应性强，噪声低。3.0 m、3.8 m 两种作业宽度，与现代大方捆捡拾压捆机的捡拾器相似。输送螺旋搅龙和物料引导辊，可以翻转升高，较容易取出进入的金属、石头等异物。如图 1-10-44 所示。

（a）翻转辊和螺旋输送器可向上摆动，清理其中的硬异物　　　　（b）无凸轮捡拾器

图 1-10-44　无凸轮捡拾器

（5）配有宽幅旋转式割草台，14个刀盘，900 mm 直径的螺旋输送搅龙，自动翻转辊和搅龙可向上升起，有利于取出进去的金属物。如图 1-10-45 所示。

（6）田间作业情况如图 1-10-46 所示。

（7）道路运输时，收获台可以三折叠，道路运输如图 1-10-47 所示。

（a）宽幅旋转式割草台

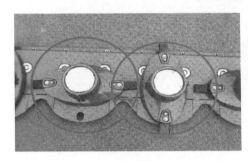

（b）圆盘切割器

（c）刀盘和螺旋输送器

图 1-10-45　割草台、切割器及刀盘和螺旋输送器

图 1-10-46　KRONE 青饲料机工作情况

图 1-10-47　道路运输情况

（8）KRONE 新型大型青饲料收获机 BIGX 1100 的基本参数如下。

发动机标准输出功率（kW/ph）：793 / 1 078。

喂入辊压力 / 最大喂入体积（kg/L）：4 600 / 158。

切碎长度调节范围：驾驶室无极调节。

切碎滚筒：宽度 / 直径（mm）800/660；刀片数 20、28、40、48；切碎长度范围（mm）5 ～ 29、4 ～ 21、2.5 ～ 15、2 ～ 12；切割次数（次数 / 分）：12 500/17 500/25 000/30 000。

抛送风机：转子直径（mm）/ 宽度（mm）/ 叶片数：560/660/8；速度：2 360 rpm。

配套设备：捡拾器（宽）：3 000 ～ 3 800 mm；高秆收获台（割幅）：7 500 / 9 000 / 10 500（mm）；低秆收获台（割幅）：6 200 mm。

二、青饲料收获机中的其他新技术

以 KRONEBIGX 上的其他技术为例，青饲料收获机中的其他新技术主要有以下特点。

（1）根据作物的湿度自动调节切碎长度。当收获干作物时，应该切碎更短一些，实现紧密压实，这一过程由自动扫描传感器协助完成。

（2）稳定的功率输出。通过一个按钮选择发动机功率输出模式，收获机可根据作物产量和土地条件自动条整作业速度。

（3）石头检测器。为保护喂入辊不被损坏，当石头检测器，检测到一块石头进入喂入辊，在千分之一秒之内停下来，避免损坏喂入辊。

（4）作物收获量监控。通过按键开关收集数据，并在作业结束时打印出来，包括每块地的计量和总收获量。

（5）青贮收获监控。用摄像机监视物料的喷射情况，安装在抛送筒上的中央监控摄像机与驾驶室内终端屏幕和拖车牵引拖拉机上的显示器相连。

（6）备有 ISOBUS 导航系统供选择。操作者使用 KRONE 智能控制手柄上的按钮进入自动导航系统，然后工具系统指示控制 BIGX 进入导航轨迹。

（7）NIR 作物含水量系统。NIR 传感器可以精确测量作物含水量，NIR 传感器位于抛送筒上，可以连续精确地检测切碎物料流的含水量准却数据，而且容易安装并有上盖保护。

第七节　青饲料捡拾装运车

在青饲料机械发展过程中，德国对饲料捡拾装运车（Silage Wagon）情有独钟，饲料捡拾装运车主要适用于运输距离不太长的生产条件下收获青饲料。门格勒（MENGELE）、克拉斯（CLAAS）是著名的饲料捡拾装运车生产厂家。饲料捡拾装运车其结构如图 1-10-48 所示，该图为 CLAAS AUTONOMS32、S42 饲料捡拾装运车。

图 1-10-48　CLAAS 的饲料捡拾装运车

一、一般结构特点及作业情况

1. 结　构

结构包括捡拾器—切碎器—车厢（输送器）。一般弹齿式捡拾器，独有的切碎（填充）器。例如，MENGELE 设计的超极 Quadro 装载系统，有高能力的切碎器，切割长度 76 mm、38 mm。车厢输送底板，可以正、反转输送，速度可调节。

2. 田间工作情况

田间工作情况如图 1-10-49 所示。

（1）工作流程：捡拾草条—切碎并向车厢内填充—由车厢底板输送器协助填满车

厢。切碎器附在图右。

（2）卸车情况：有后门卸料和侧面卸料。图 1-10-50 为 MENGELE 公司的 LAW360/LAW460 Super Quadro（切碎长度 76 mm/38 mm）切碎转载系统及 LW330/330S Super 系统，切碎器附在图右。

图 1-10-49　MENGELE LW330 田间作业（切碎 Super）

图 1-10-50　卸车（后面卸车）及其切碎 Super 系统

（3）卸料：卸料就地饲喂或将饲料抛入筒仓中进行青贮。如图 1-10-51 所示。后面卸料或侧面卸料，通过抛送器（BLOWER）将碎段抛入筒仓。

图 1-10-51　卸料的同时通过抛送机将碎段抛进筒仓进行青贮

二、青饲料捡拾装运车

1. 带切割器的捡拾装运车

门格勒（MENGELE）公司生产的门格勒割草、装运车，前面带有割草机和捡拾器。割草同时进行捡拾切碎、装载作业。如果仅进行捡拾装载作业，由液压将切割器抬起后可进行捡拾作业。图 1-10-52 为 MENGELEMLW310 型割草装运车。

图 1-10-52　MENGELE 公司生产的割草装运车

2. KRONE ZX双用途的大型青饲料装运车

卸去切割器，可作为捡拾装载车。卸下捡拾器，可作为饲料拖车。例如，KRONE ZX-双用途青饲料装运车，其装载容积大，为 54 m³。采用的是无凸论捡拾切碎装置，由 1 840 mm 宽的喂入切碎转子构成的，该车还配有电子称重系统。其结构如图 1-10-53 所示。

KRONE 还生产现代 AX 系列、MX 系列青饲料捡拾装运车，如图 1-10-54 所示。

（a）AX 系列捡拾装载车结构组成　　　　（b）MX 系列配置　　　　（c）1 840 mm 宽的切碎转子
（包括捡拾器—切碎器—车厢输送器）　　1- 无凸轮捡拾器；2- 切碎转子；
　　　　　　　　　　　　　　　　　3- 固定切刀；4- 车箱底输送链

图 1-10-53　KRONE ZX- 双用途青饲料装运车

AX 系列　　　　　　　　　　　　　MX 系列

图 1-10-54　KRONE 公司青饲料捡拾装运车

第八节　青饲料机械技术发展的意义

综上，青饲料机械技术基本上有两个方面的发展。其一，青鲜饲料已经完成了一个完整的发展过程，即从起始的青鲜饲料资源直接饲喂—切碎段直接饲喂—青贮饲料—现代全价混合粗饲料。其二，干草机械已经可以进行松散草产品、各类成型草产品，而且可以生产青鲜的成型草产品。这两方面的方展，具有重要的战略意义。

第一，两者的综合，显示了草资源发展全方位的草产品的方向。

干燥草产品——松散态、碎段、粉状、草块、圆捆、方捆等；青鲜草产品——松散态、碎段、各类青贮饲料等，青鲜饲料缠膜圆捆、缠膜方捆，还有液态产品等。展现了现代草产品可以即时、就地饲喂的；可以长期储存全年应用；既可以就地、就近应用，也可以在市场上流通的前景。

第二，两者的的发展，基本上展现了草资源的全方位开发的前景。

根据资源生产规律和生产的需求，能够实现可以在生长发育的全过程中开发成草产品。尤其在最有价值阶段开发成市场上最需要的、质量最高的各类草产品；也可以对任何的草资源加工成最佳产品。

第三，发展过程中草业机械中的关键技术的逐步成熟，展现了草业机械发展的意义、趋势和空间。

青贮技术：将青鲜状态的草资源制成优良饲料，并解决了青鲜饲料的长期储存的难题。

成型技术：将松散的资源物料制成成型产品，例如，圆捆、方捆、草块等，解决了松散草产品不能长距离流通和难以储存的基本难题。

　　缠膜技术：用回弹膜将成型产品（如圆捆，方捆）等裹紧密封，解决了青鲜草产品不能流通的难题。

　　切碎（包括揉碎）技术：在草产品的生产过程中，切碎技术的优势得到了充分发挥。切碎在饲喂和青贮发酵过程中和在成型产品生产过程中的意义突出。例如，现代圆捆、方捆生产过程中，也发挥了碎段的优势，切碎的碎段有利于产品成型和产品的稳定等，也为青鲜成型产品的缠膜提供了充分的条件。

　　在草资源的全方位开发、生产全方位草产品中，草业机械发挥了基本支撑的作用。

　　现代草业机械的发展，草资源的全方位开发，草产品全方位生产，展现了草业机械发展的意义、趋势和空间。

　　青饲料机械技术发展中遇到的一个重要问题是，低水分青饲料可以进行压缩成型和缠膜青贮，但是其中含水分较高的青鲜玉米秸秆类饲料，切碎过程和压缩成型过程汁水流失多，且影响缠膜和产品的质量，尚需要进行试验研究。

第十一章 粗饲料混合机械

全价粗饲料混合为集约化的养牛业、养马业、养羊业提供了全价日粮，又称"全混合日粮"（Total Mixed Ration Died Mixer），简称 TMR。虽然粗饲料的添加、混合，较粉状配合饲料要困难得多，但是 TMR 饲料的应用已经非常广泛，采用 TMR 可增产，节约饲料，降低生产成本。据资料介绍，可增产 10% ～ 15%，节约饲料 10%。TMR 技术已经发展成为现代饲养业的基本组成部分，全价混合粗饲料已经发展成为青饲料最先进的产品。

第一节 全价混合粗饲料生产设备

所谓全价混合粗饲料，就是以碎段粗饲料为基础，根据饲喂要求，添加蛋白质等粉状添加物，进行搅拌混合成均匀的日粮。生产中一般以青贮（碎段）饲料，或切碎的青饲料，或者再加入切碎干草等，在其中按饲料配方再加入添加料和添加剂，之后进行搅拌混合达到一定的要求。因此，生产以粗饲料碎段为主要成分的全价混合饲料的一般设备，包括以下种类。

一、碎段搅拌混合机

碎段搅拌混合机是碎段混合机是生产碎段混合饲料的核心设备。

其基本功能如下。

主料（碎段）称重计量。

精料、其他元素的添加、搅拌、混合。

混合饲料的卸料。

有的附加上切草装置。如果采用流动式混合机，还必须将碎段混合饲料送至牲畜舍的饲喂槽中，并均匀布料。

二、青饲料碎段设备

（1）生产全价混合饲料，如果运用青贮饲料，需要青贮饲料的取用和向搅拌混合机输送设备。

（2）可以用饲料切碎机，对青饲料秸秆机械切碎，并将碎段投放到搅拌混合机中。

（3）可以将田间收获的青饲料，直接送入搅拌混合机。

（4）可以将干草喂入进行切碎等。

三、提供精料和添加成分的设备

（1）粉碎机和精料配合饲料的混合机，按照饲料配方生产配合饲料。

（2）可以从市场购进配合饲料和其他添加料。

四、饲料的运送和投放设备

（1）采用移动式搅拌混合机，完成碎段粗饲料的搅拌混合、计量，运送到饲养场牲畜饲槽均匀布料。

（2）采用固定式碎段混合机的情况下，需要饲料运输车将混合饲料运送至饲养场，并将饲料均匀地布放在饲槽中。

五、必须的环境装置

生产中应有必须的环境装置，如除尘和环境检测装置；其他辅助设备，如储仓、简单的饲料检测仪器等。

以上设备和装置，应根据生产规模和饲养形式选定。

第二节　粗饲料搅拌混合机的发展过程

粗饲料搅拌混合机的发展是建立在青饲料收获（切碎碎段）和配合饲料的应用基础上的。在20个世纪70—80年代都得到了发展，例如，ITALYSITREX（意大利喜莱士）公司1978年推出牵引式立式搅拌车，1987年发明了自走式（加传送带）搅拌机，如图1-11-1所示。之后发展成EMSMART小型系列30（3 m³）、40（4 m³）、50（5 m³）、60（6 m³）；EM系列80、100、120、140、150中型系列以及2EM系列120、140、160、

180、200，还有 2MF 系列 140、170、200、220、240；2BM 系列 170、200、220、240、270、300 等。中大型的为双搅龙搅拌器，如图 1-11-2 所示。

1978年发明了立式搅拌车　　　1987年发明了自走式立式传送带搅拌车

图 1-11-1　搅拌机

（a）整机外观　　　　　　　　　（b）双螺旋

图 1-11-2　双螺旋搅拌混合机

第三节　粗饲料搅拌混合机类型结构

粗饲料搅拌混合机，根据作业形式有移动式和固定式；按搅拌器的位置分有立式和卧式。

一、立式移动混合机

例如，法国的 KUHN 公司的 Euromix1，英国 SHELBOURNE 公司的 Powemix Ⅱ，

意大利的 Agm Mixer feeder，荷兰的 TRIOLIET Gigant500-900 等都是立式移动式混合机。

（a）机器外观

（b）混合过程料流的示意

图 1-11-3　立式移动式搅拌混合机

1. 结构组成

立式移动式搅拌混合机，由搅拌混合器、料箱、计量称重装置、卸料装置、操纵装置、行走装置和机架组成。

2. 混合过程

搅拌混合器是其机器的核心组成。立式搅拌混合器的结构与混合过程见图 1-11-3（b），由螺旋叶片将箱底的饲料推送到顶上端，螺旋叶片推送过程中主要进行剪切混合；同时饲料也向周围箱壁处扩散，又回落到箱底。向上推送、回落（借助重量）、扩散。其过程中，是主要进行对流混合，在反复推送、扩散、回落过程中，实现添加物（一般为粉状）与饲料碎段的混合。

3. 碎段混合的特点

碎段与粉状添加物的均匀混合是很困难的，要比一般粉状配合饲料的混合要困难的多，混合状态和均匀度也应该低于粉状配合饲料。混合状态的均匀度和混合时间还与碎段的湿度、长度及其均匀性有关。尤其微量添加，应该说 TMR 混合过程还在进一步试验完善着。应充分发挥配合饲料的潜力和优势，尽量使过程标准化，便于推广应用。

4. 碎段搅拌混合机的特征参数

（1）混合均匀度，是其基本参量。一般粉状配合饲料均匀度变异系数小于 10%，混合粗饲料低于这个值。

（2）搅拌混合时间。

（3）卸料干净，残余少。

（4）碎段搅拌混合机的主参数是混合容量，或者一次搅拌混合的饲料的量（m³）。例如，KUHN 的 Euromix1，有 8 m³、10 m³、12 m³、16 m³、20 m³、22 m³，料净重分别为 1 970 kg、3 040 kg、3 160 kg、6 256 kg、6 516 kg、7 000 kg。一次投料可分别饲养乳牛的数量为 40 ～ 60 头、50 ～ 75 头、60 ～ 90 头、80 ～ 120 头、100 ～ 150 头、110 ～ 165 头，其容量可根据饲养规模选择。

二、卧式移动混合机

卧式移动式混合机的组成与立式移动式混合机相同，混合器为水平配置的。

例如，KUHN 公司的 Euromix，如图 1-11-4 所示。一般为两根对转的螺旋搅龙在箱内相对旋转，饲料受到旋转叶片的推动使其反向移动，以达到混合的目的。与粉状配合饲料的卧式混合机的混合原理相似。

图 1-11-4　卧式移动式混合机

三、固定式混合机

固定作业，仅完成饲料的混合过程。将混合料卸至储存仓暂储存，或者直接卸至专门饲料运输车中，由饲料车向饲养场送料、投料。一般固定式混合机的容量比较大，适于饲养规模较大的饲养场，或者用于饲料生产中心。图 1-11-5 为 KUHNDE Knight 固定式混合机。

图 1-11-5　固定式混合机

该固定式混合机，其结构采用对称的四个搅龙，分置在左右侧，搅龙叶片周围有刀片，上下搅龙周围有助切棱，可以帮助切割奶牛和肉牛配方中的干草成分。如图 1-11-6 所示。

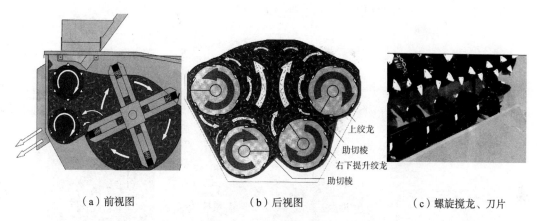

（a）前视图　　　　　　　（b）后视图　　　　　　（c）螺旋搅龙、刀片

图 1-11-6　固定式搅拌机

搅拌机的前端有大直径旋转刮板器和侧面的两个螺旋搅龙配合。饲料在四个方向运动，在相对运动中进行搅拌混合。效率更高，卸料更快。

为配合切碎秸秆、长草，设有干草架，在干草架上，一次可放 90～140 kg 干草，可以帮助预切割方草捆、拆开的圆草捆、受冻的青贮和其他体积较大的物料。

四、两用式混合机

意大利 STORTI 公司设计的可移动、固定两用的混合机，固定式 TMR 装轮子，可以作为移动式混合机应用；卸去轮子，变成了固定式饲料混合机。如图 1-11-7 所示。

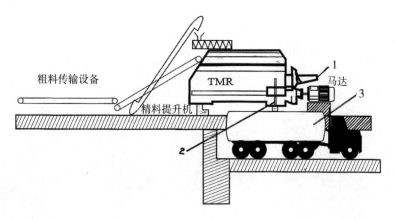

1- 操纵装置；2- 饲料混合机；3- 饲料运输车

图 1-11-7　可移动、固定两用的混合机

五、混合机的取料装置和添加

取料传送带及取青贮料、取干草料和添加料如图 1-11-8 所示。

混合机向饲养场送饲料和投料情况如图 1-11-9 所示。

（a）　　　　　　　　　　　　　　（b）

（c）　　　　　　　　（d）　　　　　　　　（e）

（a）取料传送带；（b）添加料；（c）取成捆草；（d）取散草；（e）取储存的料

图 1-11-8　取料传送带（伊诺罗斯）

图 1-11-9　混合机向饲养场运输、投料情况

六、饲料混合中心

根据饲养规模较大、饲料的来源和饲料量较大，可以设立饲料混合中心。

集中建立混合饲料中心，即混合机是固定的，专门进行饲料的混合，另有专门的饲料车进行运输和投料。生产的混合饲料辐射的距离较大，饲养的规模较大。中心的生产能力，要根据辐射饲喂的规模和饲料资源情况来确定。

第十二章 设施青草生产

世界人口的增加，城镇、耕耘用地的增加，农业土地负担加重。沙漠化的发展，草原的退化和消失，畜牧业的发展受到了严重挑战。人们的乳制品、蛋白质需要量日益增加，许多地方每年 6 ～ 8 个月不可能种植任何青鲜饲料。很多国家、地方运用设施农业技术，出现了设施种草。例如早期丰达（FOMETA）已经向 20 多个国家提供了青草生产系统（PRUDUCTION SYSTEM）。可以常年提供青鲜饲草。可以称为设施青草。

一、设施青草生产

类似设施农业的环境条件，按设施农业的要求种植青草。以丰达青草生产系统（FODDER PRODUCTION SYSTEM）为例进行说明。

1. 生产系统有若干单元组成

如图 1-12-1 所示，每个单元参数如下。

（1）长度：10.500 m；宽度：2.800 m；高度：2.754 m；种植面积：200 m²；每天青草收获 84 盘，约 1 000 kg。生产过程仅需 8 天，全年 365 天生产。

（2）生产电力：75 kW；水：1 m³；氯：1 kg；养分：0.5 kg；种子：145 kg；其他化学品：0.2 kg。

图 1-12-1　丰达青草生产系统的组成单元

2. 丰达青草生产单元内的设施

如图 1-12-2 所示。盘中的种子有的前 4 天可长出 3 英寸根系和根球，青贮营养丰富。七八天可长到 10 英寸高的青草。

单元中的结构设施如图 1-12-3 所示。绝缘板制成的集装箱式房，房内有灌溉、照明、水池、通风、湿度控制、种植盘和框架等。

青草饲喂如图 1-12-4 所示。幼嫩的青草的叶和根都是优良的饲料，具有较高的消化性和特别高的能量和蛋白质。

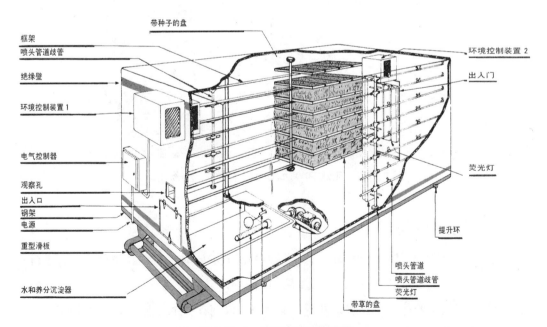

图 1-12-2　单元中的料盘及青草的生长

图 1-12-3　单元中的结构设置

图 1-12-4　青草喂牛（下图为青草生长情况）

3. 丰达青草生产系统平面图

系统平面如图 1-12-5 所示。

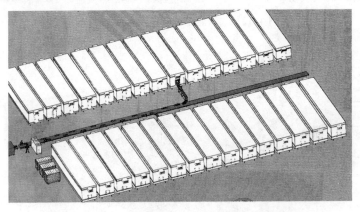

图 1-12-5　丰达 30 单元（30 t）青草生产系统平面

二、饲草实验室

国外，很多国家，除了对草原、种植饲料的研究的同时，对饲草品种、生态进行了实验室研究，建立了草品种试验室，如图 1-12-6 所示。

为持续发展饲养业，在有些条件下，发展一些设施青草生产业是一种重要的补充。

发展草产业，以求发展草资源饲料产品，建立适当的草品种实验室是必要的。

图 1-12-6　加拿大草品种实验室

国内篇

草业机械发展过程及特点

第一章　中国草业机械发展概论

第一节　中国草业机械的渊源及内涵

一、中国的草业机械来自草原畜牧业生产

（一）草业生产与草原畜牧业

"草原畜牧业"是以草原为生产基地，主要利用天然草资源环境和采取放牧等方式繁殖饲养家畜，以获得畜产品的经营产业。草原和草原放牧状况如图 2-1-1 所示。

图 2-1-1　草原及草原放牧

草原畜牧业包括第一性的植物生产和第二性的动物生产两个连续的过程。

现代草原第一性的植物生产，已经发展为草原的草业生产。现代草原第二性的动物生产，已经发展为草原养殖业。在草原畜牧业中，草业与草原养殖业是不可分割的。草业是草原养殖业的上游产业。没有草原的草业生产，也就形不成草原畜牧业。在草原上，草业生产与草原养殖业的密切连续是草原畜牧业的基本特征。

草业机械是草原畜牧业进行第一性植物生产的工程技术。草业机械是在草原畜牧业的发展过程中逐步发展起来的。

（二）中国的草业机械源于草原

在中国，内蒙古草原最早使用草原机械，至今已经整整一个世纪。俄罗斯侨民 1914 年从俄罗斯带过来一些割草机、搂草机等草业机械和技术。一直到新中国成立初期，内蒙古自治区（全书简称内蒙古）的呼伦贝尔草原上，还保留着不少国外历史上生产的割草机、搂草机。

1953 年旅顺大连（金州），最先仿制过前苏联的畜力割草机，后来转产至内蒙古农牧业机械厂（呼和浩特）和海拉尔牧业机械厂，这是我国最早生产的草业机械。后来国家在内蒙古，又相继建立了一批草业机械生产厂。内蒙古成为我国最早批量生产和广泛应用草业机械的地区。以内蒙古为基地，我国的草业机械已逐步从内蒙古草原扩展到全国。20 世纪 60 年代，内蒙古生产的草业机械及零配件已经应用到国内 29 个省区，除此还出口国外十几个国家、地区。当时内蒙古生产的草业机械，例如，割草机、搂草机，主要运用到国内的草地、农场、牧场、机场、交通、园林、堤坝区域、单位等。

随着经济和社会的发展，我国现代草业机械已经发生了巨大的变化。

从草原地区，已经推向了全国。

从面向草原，已经扩展为面向大草资源，包括青饲料生产、人工种草、农业秸秆等一切植物资源。

从仅面向草原养殖业，已经发展为面向全社会养殖业、生物质能及相关的产业。

从生产单一的松散干草产品已经发展为包括成型产品和生产形态广泛的草产品。

从仅是饲（牧）草的收割（获）机械，已经发展为草资源的全面生产的草业工程。我国的草业机械，已经从草原拓展出来，发展成为我国草产业的工程技术支撑。

基于此，起始的牧（饲）草收获机械、草原机械等名称，应该作相应的变化，叫草业机械为宜。归根结底，我国的草业机械来源于草原畜牧业。我国草业机械产业是在草原畜牧业发展的长河中形成的。草原生态属性、草原文化属性以及草原民族传统的记忆性的沉积，已经成了我国草业机械的一个鲜明特色。

需要说明的是，草原机械或牧草收获机械是草业机械的初始期的叫法。草业机械是指已经发展成为草产业的机械。包括草资源生产机械、草资源收获、加工机械等。而草原畜牧业机械包含了草业机械和养殖机械。

二、草业机械的内涵

我国草业机械是从草原畜牧业机械中拓展出来的，草原畜牧机械包括草业机械和草原养殖机械，起初草业机械仅是在草原上为草原养殖业提供饲草料。

现代草业机械，已从草原畜牧机械中拓展出来。其功能已发展为进行草资源的生产和将草资源生产为草产品。也就是向发展着的草产业提供草产品，在全国发展中的草产品市场提供草产品。草业机械及养殖机械内涵参见图 2-1-2。

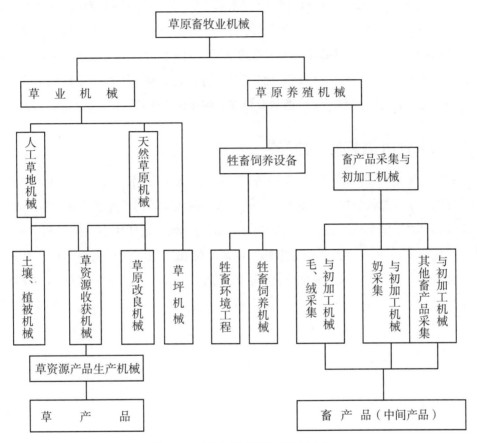

图 2-1-2　草业机械及养殖机械内涵

第二节　初期草业机械的发展形势和方针

一、草业机械起步时的形势

新中国成立初期，草原畜牧业的基础比农业落后、薄弱。草原生产方式、生活、文化等都比较传统、原始。牧民在非常恶劣的条件下进行着游牧生产、生活。当时我国没有一个草业机械生产厂，草原畜牧业机械的科研、技术等都是空白。因此，我国的草业机械制造业和科学研究，基本上是从零开始的。国家非常重视草原畜牧业机械化的发展。

最初国家草业机械的应用、生产、开发等有关的试验研究都在内蒙古草原地区展示。所以，当时内蒙古草原畜牧机械化情况，也基本代表了我国草业机械化情况的水平和进展。我国的几个草业机械定点生产厂等当时都设在内蒙古，例如，内蒙古农牧业机械厂（呼和浩特）、海拉尔牧业机械厂等。国家建立的两个畜牧机械试验站当时也都设在内蒙古，一个是农业机械部鄂温克畜牧机械试验站，另一个是农业机械部召河畜牧机械试验站。1960年农业机械部还在内蒙古建立了我国第一个畜牧业机械研究所（内蒙古畜牧机械研究所），协助国家有关部门制定关于畜牧业机械（重点草业机械）的发展规划，承担畜牧业机械研究和建立了畜牧业机械的情报研究中心等。

二、草业机械初期的发展

纵观我国草原畜牧业机械化的发展过程，基本上经过了传统机械化时期、发展现代化机械时期、草资源就地加工机械发展时期、草资源大发展的草业工程化发展时期。

早在20世纪20年代，内蒙古呼伦贝尔草原上，就开始使用畜力割草机、搂草机。新中国成立以前，这个地区已经有多国的草原机械在应用。据不完全调查，有美国的Mccormik 1、4、6、7号畜力割草机，FAHR、LANZ、CASE的畜力割草机，以及前苏联的畜力割草机，其中有双马拉的，也有单畜牵引的，还有少量的机力割草机。如图2-1-3所示。

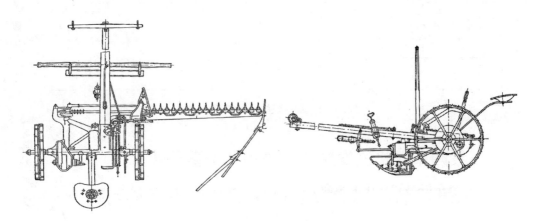

图 2-1-3　前期畜力割草机结构示意

20世纪50年代，在前苏联的影响下，先是在旅大，后在内蒙古引进苏联的割草机、搂草机。50年代末60年代初，我国将发展草原畜牧业机械化列入了国家的发展计划。1958年后得到了较快地发展。

发展的步骤，是机械化与半机械化并举，以半机械化为主的方针。即先实行以畜力为动力源的半机械化，后实行以拖拉机为主要动力的机械化和电气化。

我国草原畜牧业机械化中最有代表性、最活跃、最先发展起来的是草业机械化。其中，主要是牧草收获机械化和草原改良机械。

我国于20世纪50年代后期开始了有计划地发展草原机械化，由于当时我国的畜牧业机械基本上就是草原畜牧机械。所以，初期的草原畜牧机械就代表了我国的畜牧机械。发展初期，我国有关畜牧机械的科研、生产主要在内蒙古，例如，原旅大地区等最早生产的割草机等，都转移到了内蒙古；国家畜牧机械重点生产厂"海拉尔牧业机械厂"1958年成立；相继内蒙古一些盟市也建设了畜牧机械厂，如乌兰浩特畜牧机械厂、通辽畜牧机械厂、锡盟宝昌畜牧机厂、赤峰农牧业机械厂等，也都开始主要进行生产草业机械。国家有计划也从内地还迁来一些工厂，主要生产畜牧机械有关的机械，例如，原内蒙古农牧业机械厂（草业机械），内蒙古电动工具厂（剪羊毛机械），内蒙古动力机械厂（动力机械）等。

1960年成立了我国第一个畜牧机械研究机构"内蒙古畜牧机械研究所"，初期业务上归口国家农业机械工业部。主要协助国家主管部门制定畜牧业机械发展规划和承担国家畜牧业机械发展的指令性项目。

1963年在内蒙古还成立了农业机械部"鄂温克畜牧机械试验站"（主要进行草业机械的试验）；1964年成立了农业机械部"召河畜牧机械试验站"（主要进行畜产品采集、加工机械方面的试验）；1963年锡林郭勒盟阿巴嘎旗被列为华北地区畜牧业机械化试点县等。

1961年的机力割草机的鉴定，1962年的畜力割草机生产图纸的标定；1964年国家对进口畜牧机械的集中试验；1965年开展华北地区牧草收获机械歼灭战等。

这些进展，都是由内蒙古相关部门和内蒙古畜牧机械研究所牵头，主要又是在内蒙古草原上进行的。

三、我国草业机械发展过程中的几个重要转折

1. 第一个转折是"文化大革命"

1964年我国基本上完成了传统草业机械的半机械化配套。1964年对引进的机力草业机械进行了集中选型试验；1966年华北地区牧草收获机械歼灭战，开始了机力机械的开发。"文化大革命"期间停止了。"文化大革命"后，1978年开始发展现代化草业机械。

（1）"文化大革命"前我国发展的是传统机械化；"文化大革命"后开始发展现代机械化。

（2）"文化大革命"前是面向苏联的模式、技术发展机械化。主要学习苏联的经验。主要从苏联和东欧引进机械。"文化大革命"后，我国的机械化开始转向美国、欧洲。

向西方学习，尤其学习美国的经验和技术。主要引进西方的机械和技术等。

（3）"文化大革命"前我国的畜牧业机械化是面向（公社）集体经济的机械化；"文化大革命"后基本上是户营体制下的机械化。

2. 第二个转折始于80年代初期

1980—1990年我国城镇养殖业的发展带动了饲料工业的兴起，相应地配合饲料机械发展起来了；草资源就地加工机械也随着逐步发展起来。

（1）之前，我国的畜牧业机械，指的就是草原畜牧业机械。之后我国的畜牧业机械发展为草原畜牧业机械和城镇饲养机械化（包括饲料加工机械等）。

（2）之前我国草业机械化，主要是牧草收获机械化。之后又扩展了饲草加工机械化和草原建设机械化，初步显现了我国的草业机械化。

3. 第三个转折始于西部大开发

2000年西北大开发，草原生态升帐，带动了我国草原（业）机械化的发展，开启了我国草业机械化发展的大好形势，应该是我国草原畜牧业机械化发展中的一次有意义的转折。这次转折的意义在于，草原和草资源的战略地位的确立。草原、草资源的生态功能升帐。草资源的维护、建设带动了草业机械化的发展，促进了草产业的发展。

这次转折的意义还在于，以前的机械化，可以说是主观机械化，多是从主观出发的机械化。之后，开始逐步转向客观机械化，即逐渐按照市场的规律发展机械化。应该说我国的草业机械化，逐步走向了市场机械化的道路。

第二章 中国传统草业机械发展过程及特点

所谓传统机械化是基于我国当时落后的生产实际，采用与其相适应的较初期的机械化模式和机械技术。在传统生产习惯的基础上，为其配套相适应的机具，取代人工劳动，改善劳动条件，提高生产力，并不改变原来的生产习惯和生产方式。基本上采取的是国际范围内机械化初期的生产过程、机械型式及其技术，其产品仅是供草原冬春备用的松散的草垛（干草）。其草垛形态原始、技术较落后、质量较低。

从发展过程顺序来看，先期完成以畜力为动力的半机械化机具的系统配套；然后是发展以拖拉机为动力的机械化配套。

第一节 传统畜力机械的发展过程

畜力机械化也称半机械化。半机械化的生产过程的动力就是畜力，我国传统机械化模式是学习前苏联的。其生产过程就是割（草）—搂（草条）—集（草堆）—垛（草垛）。半机械化的目的也很单一，就是为生产过程中的各环节都配套上机械。实现各过程以畜力取代人工劳动，就算是基本上完成了半机械化的过程。

当时我国半机械化系统中，使用的畜力割草机，即将草地上生长的草切割下来并将其散铺于草茬上形成草趟；初步干燥之后，用畜力搂草机将散铺的草趟搂成草条，进行充分干燥。然后用马拉集草器，将干草条集成 100～160 kg 草堆放在田间；再用畜力车将草堆运回冬营地垛大草垛，储存干草备冬春饲用。或者用畜力垛草机，在集草器的配合下，在田间垛成草垛；待农闲时，再用畜力车运回冬营地垛成大草垛，备冬春饲喂牲畜。所以当时半机械化的内容就是为生产过程配套畜力机械。即畜力割草机—畜力搂草机—畜力集草机—畜力运输车—畜力垛草机，也就是当时所谓的割、搂、集、垛、运；或者割、搂、集、运、垛过程的半机械化。

一、畜力割草机械

当时生产中使用的双马拉牵引式 9GX-1.4 畜力割草机（开始时曾叫 9GC-1.4）为往复式切割器，是我国畜力机械化中的第一机械，也是完成我国传统牧草收获半机械化系统中的首先重点研究改进和生产的机械。

（一）我国畜力割草机的渊源

1953 年，原旅大金县，先试生产了畜力割草机，是仿苏联的 K-1.4 畜力割草机。两马牵引，割幅 1.37 m，前进工作速度 1.1 m/s，割刀往复次数 640 r/min，机重 328 kg（图 2-1-3），后来调整产品，转产到内蒙古农牧业机械厂（呼和浩特市）。1958 年前海拉尔也开始试生产过这种割草机，称为草原号割草机。从草原 1 号、草原 2 号，一直到草原 5 号，于 1961 年 9 月，在内蒙古草原上进行了试验鉴定。1963 年进行了生产图纸标定。其结构如图 2-2-1。

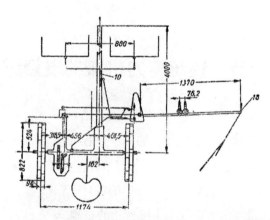

图 2-2-1　我国第一代畜力割草机 9GX-1.4 结构配置

（二）畜力割草机生产图纸标定

为了完善我国的第一代畜力割草机，1962 年 10 月至 1963 年 1 月，对 9GX-1.4 畜力割草机进行了生产图纸标定。

1. 生产图纸标定

9GX-1.4 割草机图纸标定工作是内蒙古自治区重工业厅、畜牧厅主持，当时生产割草机的内蒙古农牧业机械厂（在呼和浩特）、海拉尔牧业机械厂、内蒙古畜牧机械研究所参加了标定工作，标定工作在海拉尔牧业机械厂进行。

参加标定人员有自治区重工业厅工程师李殿居和技术员陈益良，畜牧厅工程师陈连波；当时内蒙古农牧业机械厂技术科长何鹏、技术员郑振南，海拉尔牧业机械厂技术副厂长尚富成，技术科的工程技术人员包·额尔德尼，以及内蒙古畜牧机械研究所的技术人员杨明韶、徐世楼等参加了标定工作。

2. 标定工作内容

（1）生产厂对割草机进行全面总结汇报，提出的问题和进行改进的意见。

（2）审查生产图纸。

（3）对国内外同类样机进行分析比较、确定改进方案。先收集国外同类型机，进行分析比较。在当时海拉尔市、陈巴尔虎旗、鄂温克旗等地的农、牧场，甚至废品收购站等单位，收集到若干国外的同类割草机。有美国的 Mccormik 1 号、4 号、6 号、7 号，Gzemeazleaz，西德等国的 Claas、Lanz、Fahr、CASE；前苏联新理想 ГлзK-1.4 等机型。其中有双马拉的，也有一马牵引的，还有机力的，并对其使用情况进行了调查研究，然后对其进行结构分析。

比较分析结果：一是所有的畜力割草机（也包括机力割草机）都是地轮驱动的。行走轮带动轮轴和齿轮系，带动曲柄轴，通过曲柄连杆机构驱动割刀作往复运动。二是同类机型中最大的差别是传动系，有内齿轮传动，外齿轮传动。三是大地轮直径基本一样，直径都 80 cm，传动比基本上是 26.5（曲柄的转速与地轮的转速之比），但传动系的配置稍有所不同。看来，在国外不管是前苏联，还是美国等西方国家，畜力割草机的基本型式和基本参数是大致相同的，如图 2-2-2 所示。

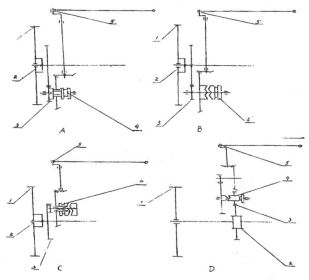

（A）FAHR、MOCCORMIK（No.4, No.6）；（B）苏 K-1.4；（C）LANZ；（D）MOCCORMIK（No.7）

1- 驱动地轮；2- 差速器（克崩盘）；3- 传动齿轮箱；4- 离合器；5- 曲柄连杆机构

图 2-2-2 当时国外畜力割草机传动系统

3. 生产图纸标定的意义

在对其性能参数、结构、配置进行了分析比较之后，共同讨论研究和修改，最后完成标定生产图纸，标定出我国第一套畜力割草机生产图纸。

（1）至此，对这类割草机在我国生产和使用进行了最全面的总结，对存在的问题进行了改进设计，标志着我国畜力割草机已经基本成熟和定型。

（2）以后，我国生产的 9GX-1.4 型割草机，基本上都是依据这一套标定图纸。

（3）9GX-1.4 割草机在我国牧草收获中发挥了极重要地作用，已普及到了全国各省区，其机器和配件还出口国外十几个国家、地区。我国的机力割草机，与此机型基本相同，使用要求相同，其通用件达 70% 以上。所以它的发展，也直接推动了我国机械化割草机的发展。

（三）9GX-1.4 畜力割草机的特点

（1）这类割草机机型是国内外割草机类中结构最复杂，也是机构最完善的割草机。例如，它是地轮传动，有完善的齿轮传动系、传动离合和安全装置；完善的切割器装置，最齐全的调整、操纵装置；合理的机重分配；科学的牵引装置和联机用的联接器等；读懂了它、熟悉了它、掌握了它，就构成了了解和研究一般往复式割草机的基础。

（2）虽然该机技术落后，机型陈旧，又是畜力机械。但是机械设计技术的含量、结构的完善性、配置的合理性都是很突出的。在社会上，甚至技术界，对其落后、陈旧的一边倒的评价中，作者持不同意见。尤其在后来主持对其进行改进研究中，体会的更加深刻。作者曾说过，了解了它，就具备了研究其他割草机的基础。谁能够独立地绘出这类割草机中机架工作图，他就是一个称职的工程师；谁能根据机架的工作图，做出一套翻沙模型和加工工艺，就尊他为高级技师；谁能够独立地对畜力割草机进行机构设计，使其基本具备现在的特点，那么他比一般的高级工程师的水平还要高。这类割草机的特点，应该视为其是在国内外割草机发展的历史长河中的积累。

（3）在以后的继续调查实践中，深深体会到这类割草机，包括相同型式的 9GJ-2.1 拖拉机牵引式割草机和我国现实的草原的条件、经济基础、使用传统相适应的，这就是它生命力的所在，这也是时至今日这类割草机（9GX-1.4，9GJ-2.1）还有应用的基本原因所在。

（4）该机用马拉工作，最突出的问题是拉力太大。正常状态下约 120 kg 以上，两匹马拉工作是很费力的；用四匹马，一天轮换两次牵引作业，马还是汗流浃背。牧民常说的"费牲畜"，这就是它的最大问题。

（5）该机耗材料多（328 kg），合每米割幅 235 kg。比机力 9GJ-2.1 割草机（每米割幅 217 kg/m）还高，是割草机中单位耗材料最多的。但是由于是地轮驱动，又很难在它身上打减肥的主意。

（四）畜力割草机的改进——畜力双动割草机的研制

1966 年的华北地区牧草收获机械歼灭战，确定内蒙古畜牧机械研究所，海拉尔牧业机械厂承担畜力割草机的攻关，任务是解决现有 9GX-1.4 畜力割草机中阻力大等问题，设计出我国的新型的畜力割草机。

1. 生产中存在的问题

那时我国生产畜力割草机，基本上都是仿制苏联的，基本上就是一个机型。即 9GX-1.4 割草机。在我国生产中最大的问题主要是：

一是拉力太大（约 120～130 kg），两匹马拉，负荷太重。

二是由于我国的蒙古马比苏联马个头低，按照原机的单辕杆牵引型式，辕杆对马脖子压力过大（约 20～30 kg）。

三是机械耗材料多。

畜力割草机的改进，就是要解决这些存在的问题。为解决辕杆压马脖子问题，内蒙古锡盟宝昌牧机厂，生产了双辕杆三畜牵引的割草机，基本解决了压马脖子问题。所以压马脖子问题，没有作为这次攻关目标。三畜牵引式割草机，如图 2-2-3 所示。

图 2-2-3　三畜牵引式割草机

2.改进试验

改进试验研究，在海拉尔牧业机械厂进行。按照科学研究必须遵循领导机关、生产工厂、科研单位和领导、工人、技术人员两个三结合的路线，有内蒙古农机局、内蒙古畜牧机械研究所、海拉尔牧业机械厂参加；由工厂抽出老技术工人、技术人员和厂领导组成三结合的试验研究小组，挂靠在老工人集中的工具车间。当时的内蒙古农机局的领导在海拉尔牧业机械厂全体科技人员和工人进行动员发动群众，在全厂提出了很多设想方案。经过分析采纳制作的有：（按传动型式不同）内齿轮传动；外齿轮传动；有摆线轮传动。按结构配置不同有单轮（大轮驱动，小轮支撑）；双大地轮驱动。按切割器不同，有标准切割器式和有双刀切割器式的。以上方案都做出试验样机，随时到草原上进行试验。为加快进度，非打草季节，在厂内人工制造割草场（用木板条夹持草，埋在地面下，似如草场），反复进行了多次试验和修改。当时确定的传动方案有四，如图2-2-4所示。

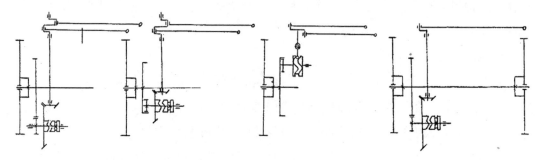

（A）外齿轮传动双动割刀　（B）内齿轮传动双动割刀　（C）曲线轮传动双动割刀　（D）9GX-1.4 割草机型式

图 2-2-4　确定的试验研究方案

经过了反复割草试验、改进，最后设计制造了9G-1.5畜力双动割刀割草机。其传动方案见图2-2-4（A）。完成了样机的试制、试验；达到了设计基本要求。田间试验情况如图2-2-5所示。

图 2-2-5　样机田间试验（用拖拉机牵引试验）

3. 研究成果及特点

9G-1.5双动割刀割草机。割幅1.5 m，牵引力100～115 kg，两马牵引作业比原割草机减少10～15 kg拉力。设计出了一种畜力的双动割刀割草机，在国内外割草机发展史上还是稀有的事。但是，它还是具有双动割刀切割器的共同的弱点，即割刀切割时的刚性差，保证切割间隙困难是其基本的问题。

4. 当时设计畜力双动割草机的指导思想

一是，地轮驱动型式割草机，其轮缘的驱动力与地轮转动传到割刀的传动比成正比。切割器工作时土壤作用在地轮上的切线力：$T=\dfrac{2P_xB.r.i}{\eta D}$（kg）。式中：$P_x$ 是切割牧草时每米割幅在曲柄销上的作用力，一般牧草为 19 kg/m，种植牧草是 32 kg/m；B 是割幅（m）；r 是曲柄半径（m）；η 是传动效率；D 是地轮直径（m），i 是地轮到曲柄的传动比；地轮上的黏着力应 S > T。

二是，双动割刀切割牧草的相对切割速度，在相同曲柄转速度下，一般其切割速度比单刀的速度高。

这样，在保证切割速度的条件下，同样的驱动轮直径，就可以减小传动比 i。减小了传动比（见上面的公式），就可以降低牵引阻力 T。

双动割刀切割速度为减小传动比提供了可能。所以最后就确定了双动切割器方案。依然保留原机械的传动和结构配置的基本型式。

虽然开发了新型畜力割草机，但是，在我国传统畜力割草机中，应用最多、最有意义、最成熟的依然是结构改进的 9GX-1.4 畜力割草机。

二、畜力搂草机

畜力搂草机是畜力机械系统中的第二作业机具。1956 年，海拉尔牧业机械厂生产的横向畜力搂草机，先是仿苏联的 кr-1，1963 年改型仿捷克的，就是应用最多的 9L-2.1 畜力搂草机，如图 2-2-6 所示。搂幅 2.1 m，机重 198 kg，结构简单轻便，拉力较小（约 50 kg），单马牵引工作，牧民喜欢。

该机为若干弧形齿排列构成的搂草耙，进行搂草。当弧形搂耙下面搂满草时，人工操作，通过放草结构，将搂耙升起，自重下落放草条。弧形齿端从弧形齿下的草上面掠过，机器过后，在地面上形成一个横置的草条。

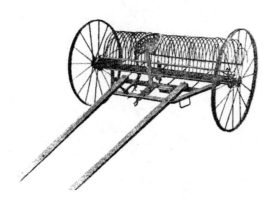

图 2-2-6　9L—2.1 畜力搂草机

三、畜力集草器的试验研究

我国在发展半机械化过程中，缺什么机械就补什么机械。当时，生产基层中反应集草作业繁重，集草器问题最大。所谓集草，就是将搂草机搂成的草条集成草堆。根据作业过程的需要，有两种作业方式：一是将草条集成一定大小的草堆，放在田间备进一步收集、运输；二是与垛草作业配合，集草机沿草条集草，将草集堆至垛草垛处，供垛草垛用草。当时缺乏集草、垛草机具。所以，国家先后下达了畜力集草机和畜力垛草机的试验研究任务。

（一）畜力检拾集草器的试验研究

在收获机械中，畜力集草机应该说是最简单的机具，所以也叫集草器。但也是最难研究的机具。

1. 畜力捡拾器式集草器试验研究

我国开始研究的集草器为畜力捡拾器式集草器。采用的是齿式捡拾器，通过倾斜式升运器，将草送至后面的车箱中，集满车箱后，在田间卸成一个草堆，草堆重约 150～200 kg。该机由两匹马牵引作业。通过试验，基本问题是拉力太大，动力驱动不足，集草量少，结构较复杂，成本高，捡拾器有堵草现象，如若采用捡拾性能良好的凸轮式弹齿捡拾器，但是对于畜力机械，选用这样的检拾器，可行性较差。

2. 畜力插齿式集草器的试验研究

畜力捡拾型式集草器不适用，还要求继续研究新的集草器。根据牧区的实地调查，确定采取插齿式方案。集草器的功能还是集成草堆。

设计方案来源于生产实际。当时草场上，有一种木制集草器，据说是俄国侨民从俄国带过来的。其工作原理，作业方式和前苏联拖拉机牵引的集草器相似，如图 2-2-7 所示。牧民称木制集草器为"巴尔库斯"（俄语译音）。

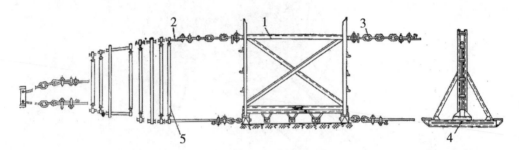

1- 立架（前后方向视图）；2，3- 牵引拉索；4- 集草器齿（机架侧视图）；5- 挡草条

图 2-2-7　拖拉机牵引的集草器

木制集草器立架如图 2-2-7 的 4，立架的底部仅一面有若干木制插草齿，组成的插齿排平面，宽约 2 m，插齿排平面后下端有两个分置的小木辊子（接地可滚动）。全是木制结构。立架两侧下方有铁环。工作时，两匹马通过很长的牵引索分别通过两端的铁环牵引集草器工作。两个儿童骑在马上，驱马在草条两侧沿草条前进拉动集草器集草，当插齿排上集满草，两儿童驱马向外后转弯，拉动集草器退出草堆，于是地面上留下的是一个约 10 普特（1 普特 =16 kg）的草堆（有露水时，每次可集 5 ～ 6 普特草）。一台这样的机器，可供两个人在草原上垛草作业。一般作业时，用集草器在田间集成 100 普特（约 1 600 kg）的草堆（约装 1 胶轮大车）；或者是在田间与垛草机配合供垛草机在田间垛大草堆，1 台木制集草器一般可供 3 ～ 4 个人进行垛草作业。草垛大小一般为 16 000 ～ 32 000 kg。

参照木制集草器的结构原理，研制了插齿式畜力集草器。采用轮子滚动式和钢铁结构。基本装置与后来拖拉机悬挂式集草机结构相近。由于木制集草器全是木制结构，可以就地工匠制造，不需要工厂制造，成本低、取材、制造方便，制造成本当时不到 100 元，一般可使用两年，故牧民还是偏爱木制集草器。经过了 3 年的试验研究，就没有创造出一个畜力集草器能取代现实中的马拉木制集草器的。

畜力集草器作为一种机械，其结构简单的不能再简单了，其工艺过程也很简单，就是沿草条集成草堆，研究了好几年，就是没有取得突破性的进展。难就难在它太简单了。

一些人尤其科班出身的科研人员，一般都瞧不起畜力机械，认为半机械化机械"简单"，技术含量低，畜力机械"土"，马拉机械落后。通过一次一次的实践和以后的继续实践，初步感受到了田间作业的畜力机械难度更大，越简单的机械越不好搞。简单并不是技术落后的标志，不要看不起畜力机械！

四、畜力垛草机的研制

垛草作业是牧区最繁重的作业之一，垛草作业又适逢牧区劳动力最紧张的季节。当时草地上我国还没有畜力垛草机，全靠人工垛草。按照国家计划，需要进行畜力垛草机的研制。

1963—1964 年进行了畜力垛草机的研制和试验，也是我国实现牧草收获半机械化配套的最后一个机械。

畜力垛草机用一匹马绕原动机作回转运动（如拉磨），拉动原动机作为驱动力，通过动力轴将动力传递给垛草机。垛草机为倾斜链齿式升运器（如倾斜式升运机），可将人工喂入的草从地面沿倾斜面送到（最高）5 m 高处，供上面的人工垛草垛。该机在海拉尔牧业机械厂制造。

1964年8月在呼伦贝尔草原试验，通过国家鉴定、验收，机型是9DC-5。

五、畜力运草车

草原牧区传统游牧运输工具是勒勒车。也称丁零高车。"丁零"是我国古代北方一支庞大的游牧民族。丁零，读音为颠连，所以又称为狄历、薪勒、铁勒，在内蒙古草原上叫勒勒车。勒勒车一般车身长4m以上，车轮较大，轮子直径可达1.4m，相当于牛的高度，原材料多为桦木，桦木质地坚硬耐磕碰，着水受潮不易变形，所以特别适于草原雪地上行走。一辆勒勒车自重50kg左右，可装载二三百千克以上。车体轻，一般用牛拉车，有草原之舟之称。为草原游牧不可缺少运输工具，也用来运输草料，如图2-2-8所示。由于装载量少，后来草原上多用马拉胶轮大车运输草。

图2-2-8　草原上的勒勒车

第二节　传统半机械化系统

一、我国半机械化系统及渊源

1.我国半机械化机具系统

畜力垛草机成功，标志着我国半机械化系统已经配套完成，包括9GX-1.4割草机、9L-2.1搂草机、集草器、勒勒车（胶轮大车）、9DC-5垛草机等。

2.我国畜力机械化系统工艺的渊源

根据我国草原上生产的传统、历史习惯，我国的牧草收获工艺是：割草—搂草—集草—运草—垛草。畜力垛草机定型，标志着我国牧草收获已经完成半机械化机具配套。

二、我国半机械化系统工艺的演变

由于牧区生产过程中，在收草收获季节最繁忙，起初集成草堆后，只好在田间就地垛成小草垛。待冬闲时，再从草地将小草垛拉回冬营地应用。即所谓的割—搂—集—垛—运。这样的过程，草垛在草地上贮存，损失大，再加上冬季拉草风雪的影响大，损失更大，运输也非常艰难。随着生产和生产力的发展，逐步形成割—搂—集—运—垛的收获工艺。即在冬营地和用草地方附近垛大草垛，并将其围护起来，冬天用草十分方便，丢失又少。于是最后形成了我国牧草收获的半机械化工艺。

虽然与上述的割—搂—集—垛—运与割—搂—集—运—垛，在顺序上仅一字之差。却体现了我国草原生产力发展的一个进步。

我国半机械化系统，如图 2-2-9 所示。

畜力割草机 → 畜力搂草机 → 畜力集草机 → 畜力运输车 → 畜力垛草机

图 2-2-9 我国传统畜力机械化过程

三、我国半机械化系统的意义

1. 提高了生产率，缓解了劳动力的紧张程度

据当时鄂温克旗牧区调查，每台畜力割草机，每天可割草 3 200～4 800 kg，最高可达 6 400 kg；人工每人每天打草仅 480～960 kg，最多不超过 1 600 kg。因此，每台畜力割草机可顶 5～7 人，提高生产率 4～6 倍。例如鄂温克旗西博生产队，1964年半机械化打草，合每万斤（1 斤 =0.5 kg，全书同）干草 4.8 个工。如果按一个人工 500～1 000 斤计算，每万斤干草就需要 10～20 个人工。

2. 促进了生产的发展

这样的一套收获机械系统，在呼伦贝尔草原上，当时一般机具配套情况是：1 台 9GC-1.4 割草机，1 台 9L-2.1 搂草机，1 台木制"巴尔库斯"集草器。每台割草机配 4 匹马，每台搂草机、集草器各配 2 匹马；一个机组 7 个人，10 匹马。在 1 个打草季节，这一套机械在当时呼伦贝尔草原上 [好的草原，每公顷可收获干草 80 普特（1 普特 = 16 kg），最低的仅 15～35 普特]，可收获 20 000 普特（32 万 kg）干草。冬季（180 天计）进行全饲喂，按每只羊每天饲喂 8 kg 干草，可使 200 多只羊不放牧也能安全过冬。

3. 降低了生产成本

据当时鄂温克旗巴音托海公社，红旗生产队调查：4 台畜力割草机，工作了 73 天

（雨停 10 天）共打草 1 152 000 kg，机割成本为 4.58 元 /t，手工成本为 5 元 /t，机割成本为手割成本的 91.6%。

四、我国传统半机械化中存在的问题

1. 畜力收获机械系统最大的矛盾是生产作业过程的阻力大与用马拉的矛盾

这个矛盾贯串全过程，很难得到理想的解决。系统中，除了畜力搂草机之外，都存在拉力大的问题。在畜力机械化的研究的实践中，最大的体会是半机械化的难度远大于机械化。传统机械系统中，最关键、最重要的机械是割草机和搂草机。

2. 需要的劳动力比较多、役畜也比较多

当时在呼伦贝尔草原鄂温克旗，全旗牲畜 318 296 头只。估算若冬季全饲喂，全旗需要储草 45 176 万 kg。据此推算：

若每台畜力割草机平均每年割草 32 万 kg（20 000 普特），需要配套搂草机、集草器各一台。共需要 1 412 套机械。每台割草机配 4 匹马，搂草机、集草器各配两匹马，需要 11 296 匹马。每台机具按 1 人操作（集草器是 2 个半劳动力），仅割、搂、集草就需要 4 236 人。而全旗牧业劳动力、半劳动力仅有 3 885 人；役马仅有 3 163 匹。所以，在牧草收获期间，全部劳动力都用来收获牧草也不够，役畜更是缺乏。有的即使用牛去拉割草机，也不能解决役畜缺乏的难题。所以，畜力机械化用人工、占役畜较多，实现半机械化，在当时也不能满足生产的需求，更不能满足发展生产的需要。

3. 生产率还较低

例如，运输草的问题。1964 年西博生产队有 200 万 kg 干草从打草场运回冬营地，以当时现有的 40 辆蒙古勒勒车，3 辆胶轮大车连续运了 174 天，约占用 1 014 个劳动日 40 头牛，9 匹马。草原畜力运输，时间长，占用劳动力多，使用牲畜多，问题比较突出，需要进一步提高生产率。

第三节　传统机械化发展过程

1964 年，我国完成了草业机械半机械化的配套。在半机械化基础上，开始了发展机械化的过程。发展机械化与半机械化的模式相同，即为当时的生产习惯过程进行配套机具，发展机械化的割草机、搂草机、集草机、垛草机、运草设备等，采取的方针依然是其中缺什么补什么。

一、传统机械化初期

（一）对进口机械化机械的集中试验

在我国半机械化基础上，为进一步发展机械化，当时的第八机械工业部1964年组织了第一次大规模的牧草收获机械、剪羊毛机、饲料加工机械的集中试验。试验样机，主要是苏联、日本、法国、英国、罗马尼亚、波兰等国家的产品。为了准备这次试验，第八机械部委托内蒙古畜牧机械研究所和第八机械部鄂温克、召河畜牧机械试验站组织实施，为此，组织了专门的班子，抽调了近20名技术人员，经过了1年多的学习、准备，包括人员的培训、有关试验样机、试验标准和试验方法的学习和制定。于1964年秋季7—9月在我国呼伦贝尔天然草原上进行了进口牧草收获机械的集中试验（其他机型的试验在召河畜牧机械试验站进行）。有关的试验进行、人员的操作都是按新制定的相应的标准、方法、要求进行的（制定这些标准、试验方法，在我国都是第一次）。通过试验，除了对进口样机进行了型式试验和具体的测试，最后还对每种样机进行了评议和提出了选型意见。1965年提出了全面的试验报告。这次试验对我国草业机械化的发展具有重要意义，也为我国发展机械化机具作了准备，只是由于"文化大革命"而没有接续展开。

（二）华北地区牧草机械歼灭战

受大庆油田石油大会战的影响，为了提高我国草原半机械化的水平和推进机械化进程，国家确定在发展畜牧业机械化中也要打几个歼灭战。华北地区牧草收获机械歼灭战，于1966年在内蒙古海拉尔召开会议，机械部委托内蒙古机械厅、内蒙古呼伦贝尔盟主持。参加会议的有内蒙古、新疆维吾尔自治区（简称新疆）、青海、四川等有关地区的畜牧机械研究、学校、制造、管理单位领导、技术人员等参加（图2-2-10），前排中为会议主持人，内蒙古农业机械化管理局张伯仲处长。会议讨论了我国牧草机械化的形势，研究确定了歼灭战的任务和计划。

在确定的项目中主要是机械化项目如下。

内蒙古畜牧机械研究所和海拉尔牧业机械厂承担的高速割草机的研制，基本指标是前进速度13 km/h，割刀往复次数2 000 r/min，悬挂型式割草机。

内蒙古畜牧机械研究所、鄂温克畜牧机械试验站和海拉尔牧业机械厂承担了机力垛草机研制。

还有畜力割草机的攻关项目，任务是解决现有9GX-1.4畜力割草机中阻力大等问题，设计出我国的新型的畜力割草机。

会议确定的项目，最后基本完成了。

图 2-2-10　华北牧草收获机械歼灭战与会代表

二、草业机械化机具的发展过程

（一）机力割草机

1.第一台机力割草机—牵引式地轮驱动的往复式割草机

1958 年，旅大金县开始试制拖拉机牵引的割草机，是仿苏 K-2.1 割草机。后来转产到内蒙古农牧业机械厂（呼和浩特），1960 年在内蒙古草原上进行了试验鉴定定型。该厂 1965 年解体后，转产到海拉尔牧业机械厂生产至今。这就是现在的 9GJ-2.1 割草机，系拖拉机牵引式，地轮驱动。其割幅 2.1 m，前进工作速度 5.5 km/h，是我国第一个机械化割草机。

图 2-2-11　9GJ-2.1 割草机

当时，曾生产过该型式割草机的，还曾有内蒙古宝昌牧业机械厂、内蒙古乌兰浩特牧机厂、内蒙古赤峰农牧业机械等。这种割草机，推广到全国各省区。草原、农牧场、机场、路边、湖区、园林，当时基本上都是9GJ-2.1割草机，如图2-2-11所示。

2.第一台机力割草机的特点

（1）割草机的结构最全，包括发展至今，是结构功能最全面的一种割草机。如切割器的提升结构，安全装置，切割器的倾斜、前导调节，切割器的所有功能的调节等，具备了割草机都必须具备的一切功能。掌握了它，就具备了研究所有往复式割草的基础。其中，切割器的提升结构最典型。

割草机田间作业的位置，如图2-2-12右上，0位置—水平理论工作位置，外端可碎地面上下浮动；Ⅰ位置——一般工作位置，即切割器外端随地形可升起一定的高度，进行正常工作位置。Ⅱ位置—为适应地形，有时需要内端升起一定的高度，这时切割器还可以运动。在割草机进行运输时，先切断切割器动力，将切割器提升到Ⅲ位置，并将切割器锁定。

9GJ-2.1割草机的切割器提升结构是这样实现的。

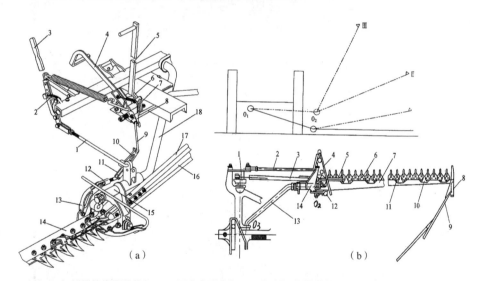

（a）1-切割器仰俯调节拉杆；2-固定扇形齿板；3-倾斜调节操纵杆；4-足踏板；
5-提升操纵杆；6-齿板；7-勾杆；8-大摇臂；9-双头勾；10-小摇臂；11-拉板；
12-调节拉杆；13-弯肘；14-切割器；15-挂刀架；16-前拉杆；17-连杆；18-后拉杆（弯轴）
（b）1-曲柄；2-前拉杆；3-连杆；4-内托板的分草杆；5-刀头；6-刀片；7-刀梁；
8-外托板；9-挡草板；10-压刀器；11-摩擦片；12-内托板；13-弯轴；14-挂刀架；
O_2挂刀架与切割器的销联轴（内托板不动；切割器可绕O_2点上下摆动）。
O_3弯轴与机架销联轴（切割器整体抬起时；绕O_3点摆动）

图2-2-12　割草机田间工作位置

（2）9GJ-2.1割草机提升结构，如图2-2-12（a）。扳动提升操纵杆5，通过大摇臂8，双头勾9，小摇臂10，拉板11，调节拉杆12，弯肘13，可使切割器外端绕内托板O_2向上升起。详见图 2-2-12（b）。直至小摇臂 10 与拉板 11 间的间隙 a 消除为止（图 2-2-13），这个阶段就是切割器升至 I 位置。为了快速升起，常常借助踏板结构 4 完成。间隙 a 消除后，即小摇臂 10 与拉板 11 成为一体（图 2-2-13），若继续增加提升力，切割器已不能继续绕可动机架 O_2 点转动升起。当施加的提升力大到一定程度时，切割器与整个可动机架（图 2-2-12）一起绕（可动机架与机架销结）O_3 转动，切割器升至 II 位置。如果长距离运输，在 II 位置，人工搬动切割器，将其固定在 III 位置。

以上表明其结构已经很完善了。

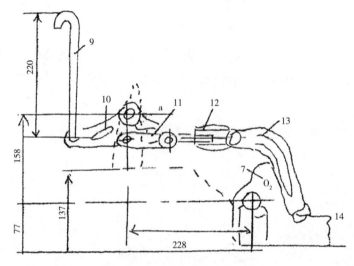

图 2-2-13　割草机的提升结构

（3）技术指标最落后；作业前进速度最慢，为 5 km/h；割刀的往复次数为 680 r/min，机重 455 kg，合每米割幅重 217 kg，是往复式割草机之冠。且因为是地轮驱动，其机重还不能进行减肥。

（4）配套动力最方便，即能施于 5 hp 以上的动力，拉起来就走，走起来就能进行割草作业，动力大的还可以同时拉动多台联机进行专业。这在割草机中，无与伦比。

（二）机力搂草机

1. 我国的第一种机力搂草机—横向搂草机

20 世纪 60 年代初，内蒙古农牧业机械厂开始生产 9L-6.0 横向搂草机，是仿苏 Гпт-6.0。1965 年转产到海拉尔牧业机械厂，后来进行了改进，即现在的 9L-6.0A 横向搂草机。9L-6.0 横向搂草机，是我国的第一种机力搂草机，也是我国天然草原应用最普遍的搂草机，如图 2-2-14 所示。搂幅 6 m，工作前进速度 5～6 km/h，牵引力 150～190 kg，机重约 600 kg。

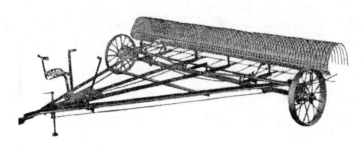

图 2-2-14 9L-6.0 横向搂草机

1960年前后，我国还试生产过9 m横向搂草机和9L-14.5横向搂草机，是仿苏Гпт-14.5。如图 2-2-15 所示。9L-6.0 横向搂草机批量生产后其他横向搂草机就停产了。

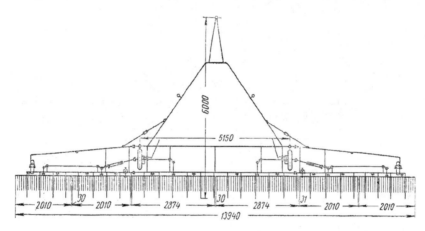

图 2-1-15 14.5 m 横向搂草机

2. 横向搂草机基本结构

横向搂草机基本结构由一系列弧形齿排列组成的横置搂耙，构成搂草结构；还有两个行走轮、机架和放草条的操纵结构等，参见图 2-2-14。

3. 横向搂草机作业过程及特点

搂草过程，搂耙和行走轮空套在轮轴上。搂草器为由若干弧形搂齿横向排列的搂草器（耙子）组成。棘轮棘爪机构、提升结构都装在轮轴上。拖拉机牵引前进，搂齿端触地进行搂草，待搂齿（耙子）的弧形内集满草之后，操作人员操作，通过棘轮棘爪机构使轮子的转动带动提升结构，使搂草器（耙子）转动升起，其搂齿端脱离搂集的草。其升起的轨迹为1，2，3……升至最后位置13后。靠搂草器（耙子）的重量开始下落，下落轨迹为13，14，15……至齿端的最低位置22。搂齿端上升、下落轨迹下面的横断面尺寸为（A+B），就是草条断面的理论宽度，也即在搂耙升起、下落时间内，机器前进的距离。机器过后在地面上形成一个与搂草机宽度相近的横向草条。过程如图 2-2-16 所示。

从搂草过程搂齿端升起、下落的轨迹分析。其升起过程由机器传动，升起阶段草条断面宽度 A 与机器的前进速度无关，即机器速度快，耙子齿端升起的也快，但是齿端下落靠搂草器（耙子）的重力驱动。下落的规律和时间是一定的，其下落的快慢仅与耙子的重量、配置有关。所以齿端下落过程形成草条断面宽度 B 与机器前进的速度有关，前进的速度快，齿端下落过程形成草条断面宽度 B 就大。即草条横断面就宽，草条的质量就差。所以横向搂草机的前进工作速度受到限制，也就是说横向搂草机的前进工作速度很慢。

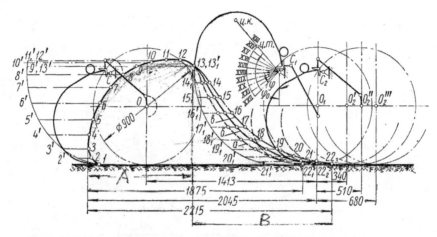

图 2-2-16　横向搂草机草条的形成

（三）机力集草机

机力集草机悬挂在拖拉机上，机身为插齿式。工作时插齿贴地面沿草条收集草条，插齿上集满草后，插齿可以抬起将草运放到田间任何位置，即集成草堆。1965 年海拉尔牧业机械厂设计出拖拉机后悬挂式集草机，1975 年改进为拖拉机前悬挂式。机型为 9JC-3.0，即每次可集 300 kg 草堆。如图 2-2-17 所示。一般与垛草机配合进行垛草作业。

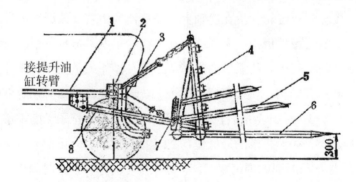

1- 拉压杆；2- 支持板；3- 拉索；4- 推板；5- 侧齿；6- 底面插齿；8- 推杆

图 2-2-17　9JC-3.0 集草机

（四）机力垛草机的试验研究过程

1965 年内蒙古畜牧机械研究所和鄂温克畜牧机械试验站、海拉尔牧业机械厂开始研制机力垛草机。开始时对抓斗式方案进行了试验，如图 2-2-18 所示，后选择推举式方案。1975 年完成 9DC-0.3 型机力垛草机。此机是在苏联 Сщ-0.5 型液压推举式垛草机的基础上设计的。插齿式垛草装置悬挂在拖拉机上，垛草作业时，插齿装置插入草条中进行集草，集满草后，上有披罩将草罩住，由液压装置将插草器向上推举，每次推举 300 kg，推举到要求的高度，披罩打开，由液压将插草器上草推出进行垛草。最大推举高度 5 m，机型为 9DC-0.3，如图 2-2-19 所示。

图 2-2-18　抓斗式垛草机及试验情况

（a）机器外观　　　　　　　　　　（b）机器在垛草作业

图 2-2-19　9DC-0.3 垛草机

（五）机力运草车

草原运输，尤其运输松散的草是非常繁重的作业。在草原牧区，当时一般采用拖拉机牵引胶轮拖车运草。为了装载更多松散的草，往往在拖车上用棍棒装置一个宽大的装草架运草，以求增大装载量。

至此，我国的牧草收获的（传统）机械化的系统机具就配套就完成了。该系统开始时，一般是在草地上集成草堆，待冬闲时再将草运回冬营地进行垛大草垛。我国传统机械化系统如图2-2-20所示。按照垛草机完成的时间，我国机械化配套是1975年完成的。

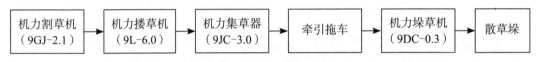

图 2-2-20　我国草业传统机械化系统

三、我国发展机力割草机中的启示

我国机械化作业习惯和机型源自当时的苏联，是国际上草业机械化初期的水平。

当时或相当长时期，在机械化机具系统中，应用最广泛的是 9GJ-2.1 割草机和 9L-6.0 横向搂草机，而集草机和垛草机在生产中应用的则较少。

（一）发展悬挂式割草机的过程

我国的机力割草机的第一个机型是牵引式 9GJ-2.1，割草机来自苏联，据查，它是国际上机械化初期的机型。动力牵引，大铁轮驱动割刀进行割草。作业前进速度是机力割草机中的最慢的（仅 5 km/h）；割刀的速度是机力割草机中最低的（低于 680 r/min）；机重也是机力割草机中单位割幅最重的（217 kg/m）。技术落后，与同时代的悬挂式割草机相比，技术差距也很大。

我国 1963 年就开始了对悬挂式割草机的试验研究，例如，1963 年内蒙古农牧业机械厂开始对苏联的 KHY-6 悬挂三刀割草机进行试验研究；1978 年内蒙古海拉尔完成 9GX-6.0 三刀悬挂割草机（割幅 6 m，切割器数 3 个，割刀往复次数 1 800 r/min，工作前进速度 8.68 km/h，配套动力 28 hp 拖拉机，需要功率 12 hp，机重 450 kg）。如图 2-2-21 所示。

1972 年内蒙古畜牧机械研究所和海拉尔牧业机械厂完成高速悬挂割草机 9GG-2.1（双动割刀，双曲轴传动，割幅 2.1 m，前进工作速度 10 km/h 以上）；后来参照美国 JOHN DEERE 350 型割草机型式，1981 年完成的 9GHX-2.8 现代悬挂割草机（割幅 2.8 m，前进工作速度 8 ～ 10 km/h，割刀往复次数 1 800 r/min，机重 286 kg）。如图 2-2-22 所示。

1975 年海拉尔牧业机械厂研制成功 9GH-2.1 后悬挂割草机（割幅 2.1 m，前进工作速度 6 ～ 8 km/h，配套动力 18 ～ 35 hp，机重 160 kg），如图 2-2-23 所示。

图 2-2-21　9GX-6.0 三刀悬挂割草机

图 2-2-22　9GHX-2.8 现代悬挂割草机

图 2-2-23　9GH-2.1 后悬挂割草机

在此期间，悬挂式割草机，前进工作速度都较高，一般为 7 ～ 8 km/h，割刀的往复速度高，一般曲柄转数 700 r/min 以上；机重轻，一般每米割幅约 100 kg。但是，在我国当时以及以后的相当时期内，悬挂式割草机却形不成生产力，在市场上没有一个机型能象牵引式 9GJ-2.1 机型那样受欢迎。

（二）9GJ-2.1 割草机的特点

1. 9GJ-2.1割草机在相当长时期内一直使用

从1971年开始，我国为了赶超先进水平，强调老产品更新换代。不论是机型还是技术水平，9GJ-2.1割草机的换代首当其冲，是被淘汰、被更新换代的典型机型。国家对其还制定了限产、淘汰的具体计划。可是，一直见效甚微。在之后的十几年时期内，不管是产量还是占有市场，9GJ-2.1割草机一直处于割草机的主导地位。即使在草业机械产品市场低迷的年份，9GJ-2.1.割草机在草原地区，还常出现产品脱销的现象。在对9GJ-2.1割草机限产的过程中，在其主要生产厂，在牧草收获季节经常出现牧民在生产厂前排队争购的现象，甚至发生过牧民在呼伦贝尔盟政府门前上访的事情。限产、淘汰了十几年，根本没有成效，以后就顺其自然了，再也不制定淘汰的具体计划了。一直发展到21世纪初，这种机械还有少量生产。在草业机械发展的过程中，还没有见到其生命力如此顽强的机械产品。

2. 9GJ-2.1.割草机生命力强的基本因素分析

（1）动力配套极为方便。地轮驱动，只要能提供5 hp以上的牵引动力，就可以配套作业。不论什么样的拖拉机，几乎都可以配套作业，拉起来就走，走起来就能割草。例如，手扶、小四轮拖拉机可以拉一台机械进行割草作业，中等的拖拉机可以同时拉几台串联作业，如图2-2-24所示。若干台串联作业，若其中一台出现故障，可以卸去修理，其他割草机可继续作业。在草原上，一台55 hp的拖拉机可同时拉3～6台作业，后面还可以再挂一台横向搂草机，甚至还出现过用链轨拖拉机牵引9GJ-2.1割草机群进行作业的现象。这对于当时我国草原上动力缺乏、拖拉机机型、数量很少的情况下，这样的机械是非常受欢迎的。

图 2-2-24　9GJ-2.1 割草机串联机群田间作业情况

（2）与当时草原的技术条件相适应。草原上使用畜力割草机具有悠久的历史，牧民机手具有丰富的使用经验，9GJ-2.1割草机与畜力割草机的结构、使用基本相同，配件相同率达 70% 以上。据呼伦贝尔草原调查，割草机械化程度比较高的旗、苏木（公社、乡），对割草机的维修，基本上小修不出队，大修不出社（乡）。所以，9GJ-2.1 割草机的出勤率和寿命都是很高的。

（3）机具价格较低。当时国家对牧业机械的价格控制很严格，20 世纪 60 年代每台 9GJ-2.1 割草机 600 元，80 年代、90 年代大约 900 元，牧民能买得起，其效益显著。

以上的特点和条件，任何悬挂式割草机，至少在当时相当长时期内是不具备的。这应该是我国在发展机械化割草机过程中的一个重要的启示和经验。

（三）9GJ-2.1 割草机换代产品的发展过程

显然 9GJ-2.1 割草机的在发展过程中与当时的生产条件、技术水平、经济基础和传统习惯等是相适应的，是其生命力所在。也就是说发展我国的割草机，必须与我国的生产条件，技术水平，经济基础等相统一，才能得到发展。

在评价换代割草机时，不仅要看到他的陈旧和落后的一面，还要总结它的特点和优势。当时，我国在对 9GJ-2.1 割草机换代产品时所进行的工作有以下几个方面。

1. 改善行走装置，提高作业速度

割草机自带动力，在割草机上装上一个柴油机，替代地轮驱动割刀，增强驱动力，可以减轻机器的重量，改善行走装置，提高作业速度。新疆在这方面进行了尝试。

2. 加大割幅

配置两个切割器，加大割幅，以充分利用拖拉机的动力。为此，呼和浩特畜牧机械研究所（原内蒙古畜牧机械研究所）1984 年研制成牵引式 9GSH-4.0，即割草机上有两个相当于 9GJ-2.1 割草机的切割器。9GSH-5.4 割草机装上两个 9GX-2.8 割草机的切割器。9GSH-4.0 双刀割草机如图 2-2-25 所示，9GSH-5.4 双刀割草机如图 2-2-26 所示。

9GSH-4.0、9GSH-5.4 割草机的基本结构相同，如图 2-2-27 所示。其性能指标见表。显然其技术指标都高于 9GJ-2.1 割草机。

图 2-2-25　牵引式 9GSH-4.0 割草机

图 2-2-26　牵引式 9GSH-5.4 割草机

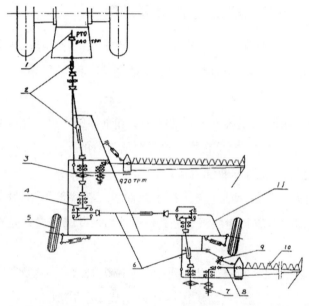

1- 拖拉机 PTO；2- 活节传动；3- 主动链轮；4- 锥齿轮箱；5- 行走轮；6- 第二刀的传动轴；
7- 被动链轮；8- 木制连杆；9- 牵引安全装置；10- 割刀；11- 机架

图 2-2-27　9GSH-4.0、9GSH-5.4 割草机的基本结构

表　牵引式割草机的参数比较

参　数	9GSH-5.4	9GSH-4.0	9GJ-2.1
割幅（m）	5.4	4.0	2.1
割刀驱动型式	拖拉机 PTO	拖拉机 PTO	地轮
动力（hp）	28，55	28，55	大于 5
前进作业速度（km/h）	8～10	8～10	5
割刀往复行程数（r/min）	1 800	1 800	1 360
操作人数（个）	1	1	1
机器重量（kg）	800	1 200	455

3. 海拉尔牧业机械厂围绕9GJ-2.1割草机进行的改进

先将地轮驱动改为拖拉机 PTO 驱动，提高切割驱动力。可以大幅度减轻机器的重量，从 455 kg 可减至 350 kg。

将大铁轮改为充气胶轮，减轻牵引阻力，小四轮拖拉机可牵引作业。

抛弃了结构复杂、加工生产困难的机架，保留了原机的切割器、操作结构和其他装置。

改造后的机器型号为 9GQJ-2.1（牵引式，拖拉机输出轴驱动，割幅 2.1 m，前进工作速度 5～6 km/h，机重 350 kg）。如图 2-2-28 所示。该机基本上取代了 9GJ-2.1 割草机，可视为 9GJ-2.1 割草机的换代产品。其基本结构如图 2-2-29 所示。

图 2-2-28　9GJ-2.1 割草机的换代产品 9GQJ-2.1

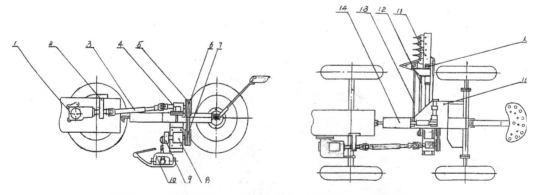

1- 齿轮箱；2- 轴承座装配；3- 活节传动轴；4- 轴承座；5- 大皮带轮；
6- 三角皮带；7- 小皮带轮；8- 轴承座；9- 曲柄轮；10- 挂刀架；11- 切割器；
12- 木连杆；13- 前拉杆；14- 牵引架；15- 圆螺母；16- 提升部分安装位置

图 2-2-29　9GQJ-2.1 割草机结构

为了方便干旱草原作业，可在割草机后面拉上一台横向搂草耙子，进行割—搂联合作业。如图 2-2-30 所示。

图 2-2-30　9GQJ-2.1 割草机 + 横向搂草机

四、两类割草机的竞相发展

我国一开始都是使用、研究、生产往复式割草机，其使用历史悠久。

（一）旋转式割草机的发展

旋转式割草机的发展过程中，20 世纪 60 年代，国外尤其是欧洲旋转式割草机迅速兴起，发展很快，对我国割草机的发展产生了影响，于是我国也开始引进旋转式割草机。1972 年内蒙古宝昌牧业机械厂试制成功牵引式 9GZT-3.0 旋转式割草机（割幅 3 m，前进工作速度 8～12 km/h，刀盘转数 1 700 r/min，机重 430kg，配套动力 28 hp 拖拉机），如图 2-2-31 所示。

图 2-2-31　9GZT-3.0 旋转式割草机

1974 年，呼伦贝尔农牧业机械研究所（原八机部鄂温克畜牧机械试验站）研制成滚筒式 9GX-2.0 旋转式割草机（4 个滚筒，割幅 2 m，刀盘转速 2 000～2 700 r/min，前进速度 6～13 km/h，机重 280 kg，配套拖拉机东方红 28）。1974—1976 年，新疆建设兵团 132 团研制新 1.2 滚筒式旋转割草机单个滚筒悬挂在手扶拖拉机前面（割幅 1.2 m，刀盘转数 1 700 r/min，前进工作速度 3 km/h，机重 130kg，配套手扶拖拉机工农 11）。新疆农业科学院农业机械化研究所 1975 年研究盘状旋转式割草机 9GZX-1.7（盘状切割器，4 个刀盘，刀盘直径 435 mm，割幅 1.7 m，刀盘旋转速度 2 640 r/min，锥齿轮传动，前进工作速度可达 16 km/h，机重 315 kg，配套拖拉机东方红 28），1979 年开始生产。如图 2-2-32 所示。

（a）机器外观

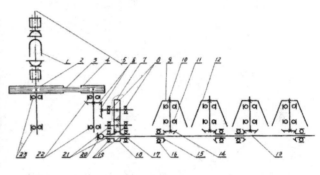

（b）刀盘传动系统

1- 活节传动轴；2- 传动皮带轮；3- 皮带；4- 传动皮带轮；5- 拖拉机输出轴；6- 传动锥齿轮；7- 圆柱齿轮；
8- 轴承；9-、切割器刀盘；10、11- 轴承；12- 切割器刀盘；13- 切割器传动轴；14、15- 锥齿轮；16、17- 轴承；
18- 圆柱齿轮；19- 轴承；20- 刀梁；21、22、23- 轴承

图 2-2-32　9GZX-1.7 旋转式割草机

1980 年，呼和浩特农牧业机械厂试制成功滚筒式旋转式割草机 9GX-1.65（悬挂式，2 个滚筒，割幅 1.65 m，刀盘转数 2 000 r/min，前进工作速度可达 12 km/h，机重 360 kg，配套拖拉机东方红 28），后来转产至内蒙古动力机械厂。内蒙古赤峰农牧业机械厂和赤峰农牧业机械研究所 1982 年研制成滚筒式 9GZ-1.8 旋转式割草机（悬挂滚筒式，割幅 1.8 m）。1977 年内蒙古哲里木盟农牧业机械研究所和通辽牧机厂试制成 9GX-1.2 型旋转式割草机（2 个滚筒，割幅 1.2 m，刀盘直径 570 mm，刀盘转数 1 900 r/min，前进工作速度 6.2 km/h，机重 100 kg，配套手扶拖拉机长白山 12）。四川阿坝牧机厂 1978 年将新疆 9GZX-1.7 旋转式割草机引进试验成功，并于 1980 年通过省级验收。1985 年新疆农科院农机化研究所试制出六圆盘旋转割草机 9GZX-2.4（割幅 2.4 m）。经过约 10 年的时间，通过鉴定的旋转式割草机有约 10 个型号，其中有滚筒状，盘状，有配手扶拖拉机、小四轮拖拉机和中型拖拉机的等，但在相当时期内仅有新疆的 9GZX-1.7 旋转式割草机等进行过小批量生产。另外，我国在当时也引进过一些旋转式割草机，例如，内蒙古一些农牧场引进的旋转式割草机，但一直闲置、锈蚀、损坏，也没有被运用。草原上依然是往复式割草机的天下，尤其是 9GJ-2.1 割草机。在当时形成了我国草

原上运用的都是往复式割草机，而不用旋转式割草机和仅有新疆的人工种植苜蓿草部分运用旋转式割草机。

（二）两类割草机基本特点分析

1. 特点不同

往复式割草机特点如下。

（1）剪切切割，省力，每米割幅耗功率低（约1 250 W），切割质量优。

（2）受往复惯性力的限制，其前进工作速度不能太快，一般7～8 km/h。

（3）对高产尤其粗硬草茎秆适应性差，易产生切割堵塞。

（4）对草原地面形状适应性较差，适宜于平坦草原割草。

旋转式割草机特点：

（1）冲击切割，耗功高，一般每米割幅空转功率约3 500 W。切割质量比往复切割较差。

（2）割刀旋转平稳，其前进工作速度高于往复式割草机，一般可达10 km/h以上。

（3）对草地适应性强，对高产和粗硬茎秆适应性好，对草地平面形态适应性优于往复式割草机。

（4）相对往复式割草机，其单位割幅价格较高。

2. 两类割草机对不同生产条件的适应性

我国天然草原比较平坦，产草量都很低，例如，呼伦贝尔草原割草场，一般每亩产干草约50 kg，即使在每亩高产100～150 kg干草的草地上，往复式割草机也能适应，可以满足作业的一切要求。在这种条件下，往复式割草机发扬了耗能量低的优势，故在天然草原上很受欢迎。而旋转式割草机，在天然草原上对产量和草的适应性的优势得不到发挥，反而暴露了耗能量高、成本高的弱点，所以，在天然草原上旋转式割草机遭到冷遇。而在产量很高的人工草地，例如亩产干草一次收获300 kg的草地上，旋转割草机适应性强的优势得到了充分发挥，弥补了功耗高、成本较高的弱点。而往复式割草机在这样的条件下，暴露了对草产量高的不适应性，工作过程易堵塞、故障多。而其他的优势，却不能发挥，所以，在产量高的人工草地是旋转草机的用武之地。

以上就是我国割草机发展的基本规律和趋势，在天然草原或产草量低的草地上广泛运用往复式割草机；在人工草地或产草量很高的草地上，适于发展旋转式割草机。随着人工种草的发展，旋转式割草机也将必然得到发展。

五、机械化搂草机的发展过程

（一）两类搂草机的发展

我国天然草原上，几乎都是用的横向搂草机搂草，所谓的"耙子"。

横向搂草机搂集的草条质量较差，对后续机械作业的配套性差，对草原有破坏作用的争议不断。作业速度低（一般仅有 6 km/h），搂集的草条内部不均匀、杂物较多，草条质量较差；技术水平很低，机型十分陈旧，国外发达国家早就淘汰了。在上述方面，侧向搂草机都比横向搂草机优越，而且作业速度可高达每小时近十千米，有的可达十几千米。

1964 年集中试验以前，我国有的地方曾试制过滚筒式侧向搂草机，但是没有在生产中得到应用。

相对横向搂草机，侧向搂草机（主要包括滚筒式、指轮式、绕垂直轴旋转式搂草机）搂集草条质量较高，前进工作速度较快，与后续作业机具配套性好，在这些方面优于横向搂草机。所以，我国在横向搂草 9L-6.0 批量生产之后，便开始了对侧向搂草机的试验研究。在 1964 年的集中试验中，先推荐指轮式搂草机，随后内蒙古昭乌达盟曾试制出指轮式搂草机。因为市场冷淡，未能进入市场。一直至 1978 年，侧向搂草机的试验研究并没有进展。1978 年后，随着我国发展现代化草业机械的热潮，侧向搂草机的试验研究又活跃起来。1980 年内蒙古乌兰浩特试制出 9LG-2.8 斜角滚筒搂草机（牵引式，地轮驱动搂草，搂幅 2.8 m，双列配置搂幅 5.6 m，前进作业速度 8.5 km/h，机重 440 kg，相当于美国 JOHN DEERE 671 型平行杆式搂草机）。1985 年海拉尔牧业机械厂和吉林农机研究所试制出 9LZ-2.6 指轮式搂草机（搂幅 2.6 m，6 个指轮，前进作业速度 10～18 km/h，机重 340 kg，与 12 hp 小四轮拖拉机配套），如图 2-2-33 所示。

图 2-2-33　9LZ-2.6 指轮式搂草机

新疆牧业机械厂试制出 9LZ-4.8 指轮式搂草机。搂幅 4.8 m，指轮数 8 个，直径 1.46 m，机重 345 kg 如图 2-2-34 所示。

图 2-2-34　9L-4.8 指轮搂草机

在此期间海拉尔牧业机械厂、新疆牧业机械厂分别试制 9LZ-6，9LX-5 旋转式搂草机。如图 2-2-35 所示。

图 2-2-35　9LZ-6 旋转式搂草机

但是在相当时期内只有新疆的 9LZ-4.8 指轮式搂草机机型进行一定量的生产，其他形式的侧向搂草机基本上都没有进行生产。我国草业机械发展过程中，很长时期内侧向搂草机没有发展起来。我国草原上广泛应用的依然是横向搂草机。在要淘汰呼声中的横向搂草机却依然占据着搂草机的市场。其主要原因：侧向搂草机的指标虽然先进，但是其搂集草条的大小与草原的产草量密切相关。一定的搂幅，在产量很低的草原上搂集草条很小，不利于后续草条的收集和机具的配套作业。如若与中型捡拾压捆机配套，要求的草条大小一般为每米长度 1.5 ～ 3 kg，若用侧向搂草机搂集这样的草条，其搂幅需要 10 ～ 20 m 宽，机器比较庞大。所以，产草量很低的草原上，不会欢迎这样的搂草机。在产草量为亩产 50 kg 干草的草原上，用 5 m 搂幅的侧向搂草机搂草，搂集的草条每米约 0.375 kg，配套中型捡拾压捆机，在草原上要跑 40 ～ 80 m 放一个 15 kg 的草捆。如果用捡拾能力很强的集垛机，相当于 60 多 hp 的拖拉机，牵引一个 5 ～ 6 t 重的集垛机在草原上跑 8 000 m 才能集成一个约 3 t 的草垛，限制了高效配套机具的应用。而在产量很高的人工草地。就可以出发挥侧向搂草机的优势。

随着我国天然草原生产力的提高，或人工高产草地的发展，相应的我国侧向搂草机必定会发展起来，横向搂草机自然也就会被淘汰了。

（二）对搂草机发展缺乏深入的分析研究

尤其对滚筒式搂草机试验研究更是欠缺。发展机械化过程中，仅出现过样机 9GL-2.8。至于其工作过程的特点及其搂集过程的优势，更没有分析、试验、研究。所以，我国现代化的搂草机中，就没有发展滚筒（平行杆）式搂草机，更没有进行过深入的分析研究。

附：初期草原机械化调查报告

我国初期机械化过程非常生动，但能反应我国初期机械化生产情况的文献、资料却很少。推出呼伦贝尔初期（1965）草原机械化调查报告，算是一个重要补充。

呼伦贝尔草原是我国草业机械的发源地，是传统草业机械的生产和应用的基地，也是当时我国草业机械化程度最高的地区，是我国草原机械化发展的代表区域，能够反应我国草业机械化初期的实际情况、经验和问题。该调查对我国草业机械化发展初期提出的诸多具体问题都有指导意义。

1965 年在牧区蹲点期间，笔者对呼伦贝尔草原站、气象站、农机局、畜牧局以及牧区机械化比较发展的旗县、公社、生产队进行了调查研究。选择了牧业四旗中具有代表性的鄂温克旗的公社和生产队、陈巴尔虎旗、新巴尔虎左旗等进行了调查研究。

1965 年调查后，没有及时编写成调查报告。1978 年参加农机部牧业机械调查，就地重游时，发现提供材料的原单位的有关材料在"文化大革命"中统统丢失了，笔者当时的调查记录成了绝迹材料。因此，这个调查报告应该是我国草业机械化初期一个难得历史记载，故附于此。

一、呼伦贝尔草原的基本情况

呼伦贝尔草原在内蒙古的东北部，西与俄罗斯、蒙古国为界，东与黑龙江相邻，是内蒙古最好的草原，也是世界闻名的天然牧场。长 700 km，宽 630 km，总面积 42 万 km^2。

（一）呼伦贝尔草原畜牧业基本情况

全盟可利用草场 17 590 多万亩（15 亩 =1 hm²，全书同），占总面积 22 590 万亩的 78%。全盟土地面积 46 300 万亩。其草原机械化集中在西部的牧业四旗。

1. 可利用草原

东三旗，856.5 万亩，占全盟草原的 4.8%；南四旗，2 496.1 万亩，占全盟草原的 14.2%，牧业四旗（鄂温克旗、陈巴尔虎旗、陈巴尔虎右旗、陈巴尔虎左旗）11 170 万亩，占全盟草原的 63.6%，城镇、林区 3 606.9 万亩，占 17.5%。

草原大体分草甸草原，典型草原两大类。牧区草甸草原 5 871 万亩（包括陈巴尔虎旗的 3/4、鄂温克旗的全部及陈巴尔虎右旗的东半部），亩产干草 80 kg；牧业四旗的典型草原 5 297 万亩，亩产干草 50 kg。

2. 牧区草原与饲养牲畜情况

牧业四旗的草原多为典型草原，共计 496 万亩，亩产鲜草 150 kg，有大小畜 141 万头（只），折羊（1 大折 6）368 万只，其中役畜占 21%（折成羊后，由农区养）。依靠天然草原养的 325 万只，每只羊占地 7.7 亩。以适宜载畜量 4.8 亩草原养一只羊，还可增加 0.6 倍。东三旗草原，大体为典型草原，共计 856.5 万亩，亩产鲜草 150 kg，有大小畜 25.5 万头（只），折 71 万只羊，其中 40%（折羊数）由农副产品供养。依靠草原供养的 32.7 万只，每只羊占 20.1 亩。以适宜的载畜量 4.8 亩养一只羊，还可增加 3.2 倍。

就牧业四旗、东三、南四旗整个情况来看，每只羊平均占草原 18.7 亩，以适宜载畜量 6 ~ 8 亩养一只羊，还可以增加 2.1 ~ 1.3 倍。

3. 草场退化情况

全盟缺水草原 2 625 万亩，占全盟牧区草原的 23.6%。在牧区饮水点草场附近，存在约两千万亩的退化草场，以东旗新保力格公社"八一"水库附近为例，1959 年建库，牲畜大量集中，草场利用过度，在短短的 5 年内，草场严重退化，牧草变低、变稀，植被由丛生禾草变成了蒿类为主的草场。1959 年每公顷产鲜草 2 737 kg，至 1965 年仅仅产 653 kg，产量下降了 76.2%。另外，岭南林业区居民在草场上搂烧柴，使草场遭严重破坏。

（二）发展畜牧业工作意见

一是合理利用天然草原。在半农半牧区划分季节营地利用草场的基础上，3 ~ 5 年内因地制宜地使四季或三季营地放牧制度化。十年内，逐步实现草场的（放牧场、割草场）季节营地年度轮换、轮割和季节营地的划区轮牧。

二是开辟无水草场，合理解决水草矛盾。

三是保护沙丘草场，防止流沙。全盟有沙丘草场面积不小，牧业四旗有 372.7 万亩，占牧区草原的 3%。

二、呼伦贝尔羊草草原情况

（一）呼伦贝尔草原碱草草原物候学情况

呼伦贝尔草原羊草草原物候学研究初步总结（呼盟草原改良试验站，1964 年），草群丛平均高度 38 cm，草群总盖度 35%～45%。

1. 羊草物候学情况

所谓碱草场，俗称羊草草原，即碱草在草群丛中占 85% 以上。在以碱草贝加尔叶茅为建群种的碱草—贝加尔针茅杂草类草型类草场的收获中，禾草占绝大多数，约占 92.7%；在禾草中，碱草占 85% 以上。碱草物候学情况如下。

在陈巴尔虎左旗阿木古朗地区（碱草不同生育期的生长速度及营养状态）：

（1）大部分牧草 4 月中以后返青，这时生长速度缓慢。

（2）5 月末 6 月初，气候上升，降水量增加，生长速度很快，5 月 24 日开始拔节，平均高度达 14.1 cm，日平均生长 0.38 cm。

（3）6 月上旬，雨水增加，碱草生长速度达到高峰，此时碱草处于抽穗期，平均株高 22.4 cm；日平均增长 0.7 cm，持续时间很短。

（4）6 月 23 日碱草开花，生长速度急剧下降到日生长 0.35 cm。

（5）当进入到结实期，生长速度更低，乳熟期日生长速度为 0.26 cm；蜡熟为 0.16 cm。

（6）蜡熟末期（7 月 30 日）停止生长，此时株高平均 38.1 cm。

碱草不同生育期的生长速度，如附表 1 所示。

附表 1　碱草不同生育期生长速度

观察日期（月.日）	5.24	6.15	6.23	7.7	7.18	7.31
生育期	拔节	抽穗	开花	乳熟	蜡熟	蜡熟末
平均株高（cm）	14.1	22.4	28	33.1	36	38.1
增长量（cm/d）	0.38	0.7	0.35	0.26	0.16	

2. 营养积累情况

从碱草含营养成分来看，抽穗期粗蛋白质较高，碳水化合物含量也较高，仅粗纤维含量略高于拔节期，而蛋白质略低于拔节期。碱草群平均物质积累状态，抽穗期高于拔节期，干草产量最高期是碱草结实末期（8月上旬），平均株高 38.1 cm，但是由于粗纤维增加，大大降低了干草的品质和可消化率。

碱草群物质积累状态如附表 2 所示。

附表 2　碱草—针茅—杂类草场物质积累状况

物候期	粗蛋白质（%）	粗纤维素（%）	无氮浸出物（%）	胡萝卜素（mg/kg）
拔节期	26.24	26.01	23.25	98.8
抽穗期	15.42	32.39	30.60	48.0
结实期	7.42	41.33	40.74	91.3

3. 产量情况

产草量情况如附表 3 所示。

附表 3　碱草—针茅—杂类草场产量情况

割草时间（月·日）	5.26	6.8	6.18	6.28	7.19	7.29	8.18	8.28	8.31	9.10
产草量（kg/hm²）	111.2	261.8	356.9	424..7	595.7	703.4	743.4	744.4	781.2	753.5

（二）根据草原的物候学发育情况合理利用草原

1. 把握放牧期的始末时间

若春季放牧时间过早，牧草幼嫩的叶子被吃光，使贮藏的营养物质大量消耗，影响牧草的当年再生，降低当年的产量。因此，羊草场的始牧时间最好选在碱草分蘖盛期或拔节初期，即 5 月上旬；始牧太迟也不好，使草场不能适时充分利用，对春季瘦弱牲畜抓膘不利。

2. 终牧时间不能太晚

牧草在停止生长前一个月（8月上旬）即霜降的前一个月停止放牧。否则，使牧草没有积累可塑性营养物质的机会，严重影响牧草的越冬和翌年的再生。

三、鄂温克旗畜牧业生产及机械化情况

（一）全旗的基本情况

1. 全旗草原的总构成

（1）总草原面积：19 111 km²。其中，可利用的 9 291 km²，占 48.6%；无水草场

4 036 km², 占可利用草场的 43.3%；水控制草场 5 255 km², 占可利用草场的 56.7%。

（2）总草原面积中：林区 5 292 km², 占总面积的 27.8%；荒山 2 848 km², 占总面积的 14.9%；已开荒 360 km², 占总面积的 1.9%；沙丘林地 227 km², 占总面积的 1.2%；沙丘 27 km², 占总面积的 0.1%；积水地 1 016 km², 占总面积的 5.5%。

2. 草原的基本情况

草原年平均降水量 360 mm，7 月份和 8 月份降水量占全年的 59.7%。可利用草原占 17 590 万亩，占草原总面积的 98%。存在缺水草原 2 625 万亩，占全盟牧区的 23.6%。鄂温可旗草原总面积 19 111 km²，无水草原占 43.3%，水控制面积占 56.7%。海拉尔地区的年平均降水量 372 mm。草原牧草的生长受降水量的影响很大，春、夏多雨，牧草生长茂盛，预示着丰收年；春、夏缺雨，牧草长不起来，预示欠年，一般春、夏干旱缺雨比较普遍。一般无水草原，只有在冬天雪季利用雪水，才能进去放牧。

（1）有水草原主要在河流两岸。例如，鄂温克旗有伊敏河、辉河两大河流及木合尔图河，7 个公社沿河放牧。沿河草原连年放牧及牲畜的频繁践踏，牧草来不及恢复；多年从未放牧过的草原，因枯草过多，也得不到更新，已经出现退化现象。根据巴彦托海公社的对此资料，使用机械打草时，若两年在同一块草原上打草，打草量逐年减少。据社员估计，在同一块草地上打草，当年的打草量仅为上一年的 2/3，翌年仅为前一年的 1/2。主要原因是割茬低，贮存的养分少，积雪少，草根不能很好的过冬；次年缺水，就不能正常生长。

（2）无水草原的利用主要是打井，打井的目的是解决牲畜、人饮水河改良草场问题。鄂温克旗 1963 年 6 月统计，全旗 218 眼井，每眼井可饮 160 头只牲畜，可控草原 9 km²。鄂旗西博生产队 3/4 的缺水草原，地下水位低，（有的 30 m 还不见水），人工打井费工，要求机械化。打井同时还必须解决提水问题，人工（杠杆）提水可饮 300 头畜，2 人摇提 4 ～ 5 h，解放水车冬天不能用。井边草场由于牲畜的践踏，草原退化。

（二）畜牧业生产情况

根据鄂温克旗孟根楚鲁公社调查，标准畜群（呼盟）是：牛 200 头，马 500 头，羊 1 600 头。实际上是牛 250 头，马 800 头，羊 2 500 头。

1. 主要生产环节

第一主要生产环节是放牧。其时间安排如下。

（1）4—6 月，在春营地，主要是接羔、牲畜保膘；春营地要避风、温暖、搭棚圈，同时牧草要萌发的快，靠近盐碱和水源充足。

（2）6—8 月末，在夏营地主要抓基础膘。夏营地要求地势高、蚊虫少、牧草低、水源充足，一般畜群不移动，有利抓膘和产奶量高；夏季放牧，让牲畜自由活动，晚出，早归（避露水），通风放牧，饮用净水，防止产生脚瘸病和其它病。为了消毒，每 5～7 d 到碱土地吃碱一次，无碱可喂盐。8 月末 9 月初，各吃山葱一次，以消除体内疾病。

（3）9—10 月末，在秋营地主要抓油膘。油膘好坏，不但影响牲畜的产品质量和当年过冬，还影响翌年的膘情/幼畜的成活率。所以，秋营地要水草丰美，有蒿类/葱/（可防寄生虫），靠近盐、碱地（可调口味，驱虫、癞，有利毛的更新和牲畜的发育）。

（4）11 月—翌年 3 月，在冬营地安全过冬春。膘情好的牲畜（约占 90%）走敖特尔（放牧），畜群一般 2～4 d，最好不超过 10 天移动一次。冬天要走 75～100 km。老、弱母、幼畜聚在冬营地过冬。春、冬营地一般选在向阳、背风的丘陵或低洼地，草高，牲畜每天（过冬）用水（kg）/草量（kg）为：牛 80/16，马 40/32，羊 10/8。

第二环节是挤奶和剪毛。其时间安排如下。

（1）4 月中旬—5 月中旬接羔，在干燥/暖和的棚圈内进行，马 4—7 月产驹。

（2）5 月中旬—10 月末，挤奶。

（3）6—9 月最忙，晚上 16:00—20:00 时挤奶；乳牛每天挤 2～3 次奶，秋季是挤奶旺季。

（4）剪羊毛：6 月中旬开始，7 月中旬结束。

第三个生产环节是牧草收获。其安排如下。

（1）根据草原物候学情况和生产情况，一般是 7 月中旬—9 月中旬进行牧草收获。一般在割茬 4～6 cm、伏草割后 1～2 d 可上垛；伏后割草上午割，下午可搂，第二天可上垛。

（2）关于储草量的估计。即根据饲养牲畜情况，保证牲畜安全度过冬春，确定每年需要的储草量。一般夏秋牲畜靠放牧，冬春要进行补饲或饲喂。根据牧民的意见，每匹马每天需 24 kg 干草，牛 16 kg，羊 6.4 kg，骆驼 12.8 kg。若半年进行圈养，全旗需储草 53 272 万 kg，而实际上储草 1 218.3 万 kg，仅为需要的 22.9%（主要原因是劳动力少，收获生产力低打不下草来）。例如，新巴尔虎左旗新宝力格西苏木，根据旗里按每头畜每年储 5 普特（1 普特 =16 kg）干草，根据公社牲畜数，下达打储草 34 万普特，1964 年仅完成 50%。至 1965 年的 4 月 21 日已经没有草喂了。牧民们说，根据现有草场，若机械允许，每年可打 30 万普特干草，不会缺草如此严重。

2. 劳动力分配情况

据鄂温克旗西博生产队资料，依据生产环节以及季节需要，劳动力分配情况如下。

（1）从生产环节看，放牧用工量最多占全年生产用工量的 38.5%；挤奶占 9.3%；接羔占 6.7%（2 个月生产时间）；牧草收获占 6.6%（约 2 个月的生产时间）。如再加上运输草料占的 4.5%，牧草收获和运输到全年用工量的 11% 以上，仅次于放牧，居畜牧业生产全年用工量的第二。

（2）从生产季节上看，8 月用工量占 10.30%（包括牧草收获）；9 月占 9.58%（包括牧草收获）；4 月占 9.26%（有接羔）。

3. 各生产环节的用工情况

牧草收获过程中环节用工情况，从西博生产队 1964 年打草作业用工情况看，在收获过程中：割草占 22.3%，居第一；集草占 20.37%，居第二；垛草占 18.87%，居第三；搂草占 13.56%，居第四。另外，放马和伙夫占 10.42%。

1958—1964 年打草的劳动力分配情况和牲畜情况见附表 4。

附表 4　1958—1964 年打草的劳动力分配情况和牲畜情况（西博生产队资料）

项　目	1958 年	1959 年	1960 年	1961 年	1962 年	1963 年	1964 年
牲畜数量	8 539	10 782	12 799	15 416	17 776	19 734	21 587
劳动力数量	68	165	151	172	173	185	152
牲畜数 / 劳动力数	125	65	85	90	103	107	142
储草数（万 kg）		560	592	300.550 4	449.942 4	546.158 4	640.552 0

（三）收入和分配情况

1964 年鄂温克旗总收入 300.8 万元，牧业收入占 67%。平均每户分配 779.3 元；平均人均劳动力分配 467.7 元；平均人均分配 193.97 元。分配占总收入的 29.6%。生产费用占 15.7%；公积金占 6.6%；公益金占 2.14%；预留生产费用占 1.15%。

（四）畜牧业机械化情况

1. 劳动力的情况

鄂温克旗劳动力 4 529 个（其中，男 2 591，女 1 938），牧业劳动力 3 885 个（男 3 290），将半劳动力折成整劳动力 3 588 个。每个牧业劳动力负担 74 头只畜（其中，大畜 16 头，小畜 58 头）。

2. 机械化配备

现在全旗牲畜 31.8 万头（只），估计冬季全饲喂，全旗要储草 45 176 万 kg，计算如下：每台割草机平均每年割草 32 万 kg，配搂草机、集草器各一台，就需要 1 412 套割、搂、集草机。割草机每台配马 4 匹，搂草机、集草器各配 2 匹马共需役马 1 129 匹。每台机械按 1 人操作，仅割、搂、集草过程就需要劳动力 3 885 个。

机械拥有情况如附表 5 所示。

附表 5　鄂温克旗机械拥有情况（台）

项　目	1960 年	1961 年	1962 年	1963 年	1964 年
畜力割草机	207	191	225	263	266
畜力搂草机	175	174	208	244	259
畜力集草器	自制	自制	自制	自制	自制
胶轮车	130	215	242	162	228
拖拉机				36	
机力捆草机				6	
牛奶分离器				2	
机力拖车				11	
载重汽车				15	
机力搂草机				5	
机力割草机				29	
剪羊毛机					
饲料粉碎机					

从上述分析可见，当时的机械化条件下，全旗的牧业劳动力都用来打草储草也不能符合需要。该旗实际只能储草 1 218.3 万 kg，仅为需要量的 22.8%。

3. 机械化作业情况

（1）机械化打草的优越性。根据鄂旗畜牧局资料，每台畜力割草机，每天割草 3 200～4 800 kg，每个人工打草每天割草 480～1 600 kg。因此，每台割草机可顶 5～7 人，提高生产率 4～6 倍；机械打草成本 4.58 元 /t，而人工打草是 5 元 /t，机割成本是人割成本的 91.6%。由于机割生产率高，可在合宜收获季节打草，干草质量高。

（2）机械化打草情况

机械化打草情况见附表 6。

附表 6　鄂温克旗机械化打草情况统计（万 kg）

1962 年					1963 年					1964 年				
合计	手工打	%	机打	%	合计	手工打	%	机打	%	合计	手工打	%	机打	%
8 529.5	491	5.8	8 003.5	94.2	10 604.5	749	7.0	9 855.5	93.0	12 182.5	592.5	4.9	11 590	95.1

4. 机械化发展现状及问题

一是鄂温克旗半机械化发展稳定。从 1960—1964 年机械保有量稳定增加；机械作业量和机械作业比重稳定增加；在牧草收获作业中，半机械化比达到 95%，实现了半机械化。

二是拖拉机、机械化的机械在增加。

三是半机械化作业环节，还是人工垛草，效率和劳动强度大，缺乏垛草机；木制集草器，生产率低、费人工、费役畜；运输环节，尤其运输草，生产能力低。

四是需要机械化的打井设备，提水半机械化、机械化；半机械化，需要劳动力多，实现半机械化后，牧业生产中劳动力紧张的问题还是没有解决；半机械化需要的役畜多，牧区役畜紧张。

五是牧区公社队为基础的核算制度，适宜机械化的发展。

六是鄂温克旗、陈巴尔虎旗牧区牧草收获环节基本上实现了半机械化，正向机械化方向发展。

第三章　现代草业机械的发展

第一节　引进国外现代草业机械技术

一、北京国际农业机械展览会

1978 年 11 月 20 日至 12 月 4 日，在北京举办了国际农业械展览会，参展的有英国、法国、原西德、瑞士、丹麦、瑞典、荷兰、罗马尼亚、日本、加拿大、澳大利亚、意大利 12 个国家的农机厂商和有关团体，展出机械设备 26 部类，725 台件，是我国建国以来规模最大的农机展览会，也是接待人数最多、最广泛的一次国外展览。这一次展览，是国外现代化农业机械的大展示，也是国外现代草业机械在我国的首次集中展出。这次展览对我国的农业机械的发展触动非常大。国外的现代草业机械基本上是这十年出现的，我国本来就很落后草业机械已经被拉下的更远了，感慨万千。

党的十一届三中全会后，我国开始了社会主义建设新时期。受国外发展的启示，我国要大力发展畜牧业，提高畜牧业在农业中的产值，以改善我国人们的食物组成。由此，激起了畜牧业机械，尤其草业机械的发展热潮。也可以说，自此，我国开启发展现代草业机械发展的新时期。展览会结束后，1979 年，为了进一步认识和研究国外的现代机械技术，我国将其中的很多机械设备都留下来了，其中有关草业机械 50 多种。投放到内蒙古鄂温克旗草原、内蒙古科左后右旗草原、四川广义县、新疆农业科学院、中国农业科学院农业机械化研究所、农林部农机鉴定站、一机部农机院、内蒙古农牧学院等科研、学校、生产基层进行使用、试验研究。1977—1980 年我国引进国外草业机械中的部分机具详见表。

表 1977—1980 年我国引进国外草业机械中的部分机具

名　称	型　号	主参数	生产公司	投放地点	引进时间（年）
大圆草捆机	RP180	短皮带 D 1.8 m	Wager	锡林浩特，科左后旗	1977，1978
割草压扁机	MC880	割幅 9′ 3″	澳大利亚	鄂温克旗	1978
运垛车	M1300G	提升力 1 523 kg	澳大利亚	鄂温克旗	1978
大圆草捆机	RP880	长皮带 D1.8 m	澳大利亚	鄂温克旗	1978
旋转割草机	SM4S	4 盘割幅 1.7 m	Wager	科左后旗	1978
旋转割草机	KM22N	2 滚筒	FAHR	科左后旗	1978
摊晒机	40PN		FAHR	科左后旗	1978
旋转搂草机	KS80DN		FAHR	科左后旗	1978
小型割草机	K4		Bucher	科左后旗	1978
捡拾压捆机	HD400		FAHR	科左后旗	1978
捡拾压捆机	346T		JOHN DEERE	谢尔塔拉牧场，锡盟	1979，1980
捡拾压捆机	342		法国 J.D	呼和浩特畜牧机械研究所	1978
捡拾压捆机	AP41		Wager	呼和浩特畜牧机械研究所	
捡拾压捆机	M50		Claas	谢尔塔拉牧场	
捡拾压捆机	MF20		法国 MF	谢尔塔拉牧场	
捡拾压捆机	HD20		FAHR	谢尔塔拉牧场	
捡拾压捆机	E442		德国	呼伦贝尔盟、锡林郭勒盟	
捡拾压捆机	MF124		英国 MF	呼伦贝尔盟、锡林郭勒盟	
捡拾压捆机	427		J.D	克什克腾旗	
集垛机	SH30A	压缩式，3 t	HESSTON	克左后旗	1978
集垛机	200	压缩式，2 t	J.D	克左后旗，谢尔塔拉	
集垛机	100	压缩式，1 t	J.D	克什克腾旗	
运垛车	200	载重量 3 t	J.D	克左后旗，谢尔塔拉	
动力割草机			意大利贝多克	四川省广县	
旋转割草机	CM165	2 滚筒 1.65 m	VICON	新疆农业科学院	
指轮搂草机	HKX620	搂幅 2.25 m	VICON	新疆农业科学院	
旋转割草机	204	4 盘 2.4 m	TAARUP	中国农业科学院	
往复割草机	FA372	割幅 1.5 m	KUHN	内蒙古农牧学院	
旋转割草机	GMD44	4 盘 1.6 m	KUHN	内蒙古农牧学院	
旋转搂草机	GA230P	单转子 2.3 m	KUHN	内蒙古农牧学院	
摊晒机	GF440F		KUHN	内蒙古农牧学院	

（续表）

名　称	型　号	主参数	生产公司	投放地点	引进时间（年）
大圆草捆机	510	长皮带	J.D	呼和浩特畜牧机械研究所	
割草压扁机	1214	牵引割幅 14′	J.D	内蒙古嘎达苏牧场等	1978
割草压扁机	1380	牵引割幅 14′	J.D	谢尔塔拉牧场	1980
割草压扁机	2280	自走割幅 14′	J.D	谢尔塔拉牧场等	1980
割草压扁机	1209	牵引割幅 9′	J.D	呼和浩特畜牧机械研究所	1978
割草压扁机	E301		德国	锡林郭勒盟、乌兰察布市	
割草压扁机	KM240	6 盘割幅 2.4 m	VICON	新疆农业科学院	1978
割草压扁机		自走式	Hesston	吉林省农业机械研究所	
滚筒搂草机	670，671		J.D	克左后旗，锡林郭勒盟	1980
切草垛机	230		J.D	克左后旗，锡林郭勒盟	
草捆收集器	F100D	一次收集 8 捆	FARMHAND	谢尔塔拉牧场	1980
草捆叉	158		FARMHAND	谢尔塔拉牧场	1980
运草车	1205A		J.D	谢尔塔拉牧场	1980
旋转割草机	TS-1650		TAARUP	谢尔塔拉牧场	
旋转割草机	MW3		CLAAS	谢尔塔拉牧场	
摊草机			CLAAS	谢尔塔拉牧场	
摊草机			FAHR	谢尔塔拉牧场	
干草捡拾车	KS30		CLAAS	新疆	
草捆装载车	1034	牵引，自动	N.W	呼和浩特畜牧机械研究所	
往复割草机	350	悬挂割幅 9′	J.D	呼和浩特畜牧机械研究所	
往复割草机	450	牵引割幅 9′	J.D	呼和浩特畜牧机械研究所	
山地割草机	M700		BUCHER	呼和浩特畜牧机械研究所	

若干青饲料收获机（未计）

二、开始成批引进国外现代草业机械

1978 年国家农垦局在黑龙江省友谊农场大批成套引进美国 JOHN DEERE 现代农业机械，也包含了现代草业机械，对原有的机械化进行了一次更新。树立了一个农业机械现代化典型，在全国农垦系统进行了示范。1980 年，农业部畜牧局成套引进了国外现代化青饲料机械，投放在内蒙古科左后旗。20 世纪 80 年代初，国家农垦局从美国等引进一批现代化草业机械，投放在内蒙古海拉尔谢尔塔拉种牛场。此外，吉林省黑城子马场、内蒙古嘎达苏种羊场、白音锡勒牧场、新疆以及后来农业部畜牧局北方项目，在北方草原地区引进了诸多草业机械，并扩展到南方草原地区，为我国发展现代化草业机械打下了基础，也起了个好头。

1979年，国家农垦局在黑龙江友谊农场开办了有各省区、农牧场领导、技术人员参加的大型学习国外先进技术学习班，包括现代草业机械（包括割草压扁机、圆捆机、集垛机、运垛车、干草加工机械等）。

1980年，农林部委托新疆农业科学院农业机械化研究所，对从荷兰、西德引进的机械（包括KM-240型旋转式割草压扁机，CM-165CM-165pz旋转式割草机，HKX-620、PZ-300型旋转式搂草机，MH-80、MB-200型青饲料收获机）进行田间试验、测定，同时期还对CLAAS的ROLLANT62型圆捆机进行了试验研究，之后提出了详细的试验报告。

1980年，根据农机部指示，由吉林省农业机械化研究所、呼和浩特畜牧机械研究所、锡林郭勒畜牧机械研究所、白城子牧业机械厂联合对引进美国NEW HOLLAND 850型圆捆机以及澳大利亚吉尔1500圆捆机进行了对比试验，提出了试验报告。

1980年，呼和浩特畜牧机械研究所，根据国家三部委文件要求，受农机部和农垦部的委托，对农垦部谢尔塔拉引进的草业机械进行了综合试验。在呼伦贝尔草原对其中JOHN DEERE的自走式2280割草压扁机、200型集垛机、5440自走式青饲料收获机F900B筒式粉碎机等15种草业机械进行了试验，提出了综合试验报告。

至此，我国对国外现代化草业机械的研究和试验已经基本上覆盖了现代草业机械。其中，除了草地改良、种植机械之外，主要有割草机、割草压扁机、搂草机、翻草机、集垛机、运垛车、捡拾压捆机、草捆收集机、大圆捆机、青饲料机械、草料加工机械等。对这些机械的研究、试验和运用，加快了我国草业机械发展的步伐和进程，对我国草业机械的发展发生了深刻的影响。

第二节　引进消化吸收和产品开发

在引进试验的基础上，我国开始了对现代草业机械产品进行系统开发和试验研究。

一、小方草捆收获机具系统的开发研究

1978年9月，由当时的农机部呼和浩特畜牧机械研究所主持，白城子牧业机械厂、宝昌牧业机械厂、内蒙古农牧学院、乌兰浩特牧业机械厂、昭乌达盟农牧机械研究

所、锡盟农牧场管理局等单位攻关研究，试制成我国第一台小方草捆捡拾压捆机 9KJ-142（捡拾器宽度 1.42 m，摆叉式输送—喂入器；喂入口面积 1 833 cm²；压缩室断面积 360 mm×460 mm，压缩次数 80 r/min，压缩行程 760 mm）。C-D 型打结器如图 2-3-1 所示。

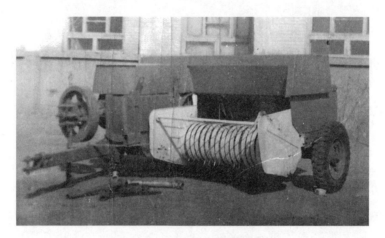

图 2-3-1　9KJ-142 捡拾压捆机

1980 年 12 月，当时的徐州拖拉机厂与呼和浩特畜牧机械研究所合作试制成 9KJ-147 型捡拾压捆机（捡拾器宽度 1.47 m，双摆叉输送喂入器，喂入量 2 kg/次，配套动力 25 hp 拖拉机，压缩室断面积 310 mm×410 mm，压缩次数 100 r/min，草捆密度 180 kg/m³，作业速度 5 km/h）。如图 2-3-2 所示。

图 2-3-2　9KJ-147 型捡拾压捆机

1980 年呼和浩特畜牧机械研究所与宝昌牧业机械厂试制成 9JK-2.7 型草捆捡拾装载机，如图 2-3-3 所示。该机依附于运输车的侧面，随车前进，将田间的草捆捡拾—升运至车上，有人工码摆整理，将草捆运回储存或应用。

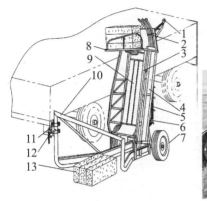 

（a）机械结构　　　　　　　　　　　　　（b）田间作业

1- 运输位置牵引杆；2- 挡捆杆；3- 升运架；4- 升运腔体侧板；5- 升运链；6- 升运链张紧轮；7- 地轮；
8- 平台；9- 升运腔体压捆板；10- 牵引架；11- 牵引销；12- 作业位置牵引板；13- 待捡拾草捆

图 2-3-3　9JK-2.7 型草捆捡拾装载机

1981 年吉林省农业机械研究所与内蒙古乌兰浩特牧业机械厂试制成 9LG-2.8 型斜角滚筒搂草机（单列幅宽 2.8 m，双列搂幅 5 m 以上），如图 2-3-4 所示。

图 2-3-4　9LG-2.8 型斜角滚筒搂草机（双列）

至此，我国第一个现代小方捆收获机具系统：往复式悬挂割草机—滚筒式侧向搂草机—捡拾压捆机—草捆捡拾装运车等机械已经配套。

二、割草压扁机机具的开发研究

1970 年白城子牧业机械厂试生产自走式割草压扁机（割晒机）9GS-4.0，割幅 4 m，割刀往复次数 655 r/min，前进工作速度 4.4 ～ 12 km/h，带式输送器，压扁辊（直径 × 长度）200 mm×1 117 mm，压扁辊转数 915 r/min，机器重量 2 550 kg。如图 2-3-5 所示。

图 2-3-5　自走式割草压扁机 9GS-4.0

同年，呼和浩特畜牧机械研究所、佳木斯收获机厂试制成牵引式割草压扁机 9GSQ-4.0。割幅 4 m，拨禾轮转数 48 r/min 标准往复式切割器，割刀往复次数 1 500 r/min，割刀行程 84 mm，带式输送器带宽 1 200 mm，输送带速度 3 m/s，放铺窗口 1 023 mm，压扁辊转数 925 r/min，配套拖拉机 55 hp。如图 2-3-6 所示。

图 2-3-6　9GSQ-4.0 牵引带式割草压扁机

1982 年，大同牧业机械厂与呼和浩特畜牧机械研究所试制出全割幅压扁机 9GY-3.0（牵引式，全割幅压扁，割幅 3 m，割刀频率 825 r/min，拖拉机动力 26 kW，机重 1500 kg，相当于美国 JOHN DEERE 1209 型割草压扁机）。如图 2-3-7 所示。

图 2-3-7　牵引式 9GY-3.0 割草压扁机

至此，我国也能生产现代割草压扁机了。其中包括带式输送器自走式、牵引式和无专门输送器式往复式割草压扁机。

三、集垛收获机具系统的开发研究

1979 年，呼和浩特畜牧机械研究所和齐齐哈尔车辆总厂试制成 9DY-3.6 型运垛车，如图 2-3-8 所示。1981 年试制出 9JD-3.6 型捡拾压缩集垛机（甩刀式捡拾器宽度 198 cm，转速 1 560 r/min，盖棚压缩力约 900 kg/m²，垛尺寸为 4.3 m×2.6 m×3.0 m，集垛重量约 3 t，草垛密度 70～110 kg/m³，机重约 4 t，60 hp 以上拖拉机）。如图 2-3-9 所示。

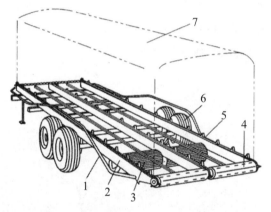

1- 护栏；2- 车床；3- 支撑辊；4- 喂入辊（链）；5- 输送链；6- 行走轮；7- 草垛

图 2-3-8　9DY-3.6 型运垛车

图 2-3-9　9JD-3.6 型捡拾压缩集垛机

至此，我国也可以生产割草压扁机或割草机—侧向搂草机—捡拾集垛机—运垛车现代集垛收获机械系统了。

261

四、圆草捆机具系统的开发研究

1980年，呼和浩特畜牧机械研究所、吉林省农业机械研究所、白城子牧业机械厂、鞍山农业机械厂等单位试制出短皮带式大圆捆机9JY-1800（短皮带式，圆捆尺寸：直径×宽度为1 800 mm×1 500 mm，捆重300～500 kg，捡拾器宽度1 400 mm，55 hp拖拉机。机重1 960 kg，如图2-3-10所示。内蒙古锡林郭勒畜牧机械研究所与锡林浩特通用机械厂合作，从1977年引进大圆捆机，进行试验研究，1980年也试制出9KY—1800大圆捆机，并通过了鉴定。9KY-1800与9JY-1800是同一类型。同期，黑龙江省九三农场试制出大圆捆机，是仿JOHN DEERE的长皮带式510型圆捆机。新疆农牧业机械研究所和红十月拖拉机厂试制出辊子式9YY-1.6型圆捆机（式辊子式的，捡拾器宽度1 400 mm，圆捆直径1 600 mm。捆重300～400 kg，机重1 900 kg）。如图2-3-10所示。鉴定后，1982年由新疆畜牧机械厂生产。

图 2-3-10　9KY-1800 圆草捆机

之后，在对NEW HOLLAND 850型链板式圆捆机试验的基础上，呼伦贝尔畜牧机械研究所和海拉尔牧业机械厂设计出链板式圆捆机。连同长皮带式圆捆机、辊子式圆捆机、短皮带式圆捆机等，我国对国外基本型式的圆捆机都可以试生产了。如图2-3-11所示。

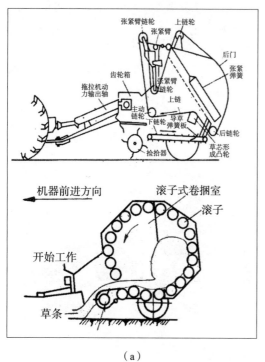

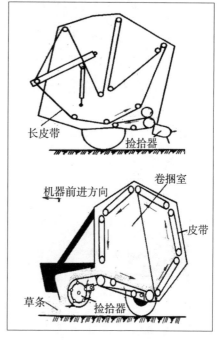

（a）	（b）
上-链板式；下-辊子式	上-长皮带式；下-短皮带式

图 2-3-11　圆捆机的工作形式

1981 年齐齐哈尔车辆总厂试制成 7KY-4 型大圆捆装运车。1983 年，内蒙古锡盟牧机研究所试制出 92D-500 型圆捆装载机与圆捆机配套，在田间装运圆草捆。

至此，我国也能生产割草机或割草压扁机—侧向搂草机—捡拾圆捆机—圆捆装运机等现代大圆捆机系统了，而且包括在国外市场上的长皮带式、短皮带式、辊子式、链板式的诸多型式大圆捆机等。

五、捡拾装运车的开发研究

1981 年新疆对德国 CLAAS 公司的 Autonom K30 捡拾装载车进行了试验研究。在试验研究的基础上，新疆联合收获机厂试制出捡拾装载车 9CZ-3 型（捡拾器宽度 1.6 m，车厢容积 22 m³，最大载重 3 t，配套拖拉机 40 kW 以上）。

六、青饲料收获机具系统的开发研究

新中国成立之初，曾从前苏联引进 CK-2.6 大拨禾轮青饲料收获机以及甩刀式饲料收获机等，实际上是在 1980 年后开始青饲料收获机的试验研究。1980 年赤峰牧业机械厂、中国农业机械化科学研究院试制出 9QS-10 青饲料收获机，属于现代通用式青饲料收获机（牵引式，高秆割台，喂入量 10 kg/s，两行，行距 700 mm，机重 350 kg，配套动力为 38 kW 以上的拖拉机，双圆盘切割器，滚筒式切碎器，机重 1 660 kg），如图 2-3-12 所示。割草台：割幅 1.8 m，切割次数 1 000 r/min，机重 480 kg。生产过程中，自卸拖车与其配套进行田间作业，如图 2-3-13 所示。

左：低秆收割（割草）台；右：高秆收割台

图 2-3-12　9QS-10 牵引青饲料收获机田间作业

图 2-3-13　9QS-10 青饲料收获机（割草台）

至此，我国也能生产现代青饲料收获机系统了。

七、草业机械系列框图

从 1978 年到 1982 年，通过引进、消化吸收，对国外 20 世纪 70 年代以来比较先进的现代草业机械我国都能进行初步生产了。包括收获基础机械和产品机械。基础收获机械生产草条，产品收获机械生产草产品。其机械系列如图 2-3-14 所示。

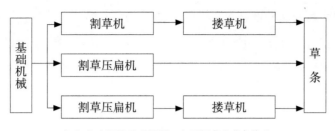

（a）基础机械系列框图：在田间完成草条作业

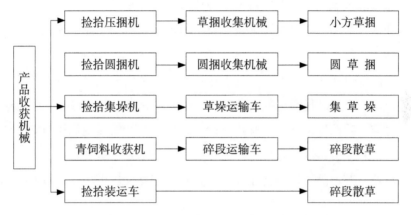

（b）田间生产产品机械系列框图：在草条的基础上进行作业

图 2-3-14　初期形成的现代草业机械系列

第三节　发展现代草业机械初期的特点

一、当时的发展形势

　　党的十一届三中全会后，拨乱反正，我国开始转到建设现代化农业的轨道上来。认识到发展畜牧业的重要性，提出增加畜牧业在农业中的比重的方向，带动了畜牧机械的发展。改革开放后，举目国外一看，草业机械的面貌已焕然一新，我国本来就很落后的草业机械与国际的差距更大了。一种缩小差距、奋起直追的热情油然而生。国家农机部成立了牧业机械公司统管畜牧业机械，农业部、农垦总局及相关的单位也非常注重畜牧机械的发展。很多相近的机械制造厂开始积极生产畜牧机械；很多农机研究所积极参与畜牧业机械的试验研究，甚至改换门庭，主要进行畜牧机械研究。相关的高等院校，尤其农业机械、农业院校，开始注重畜牧机械的教学和科学研究，甚至开设了畜牧机械专业或农牧业机械专业。一个发展畜牧业、发展畜牧机械的热潮开始在全国兴起。

在全国发展畜牧业和发展畜牧机械的形势中，草业机械开始从草原向全国扩展。从原来仅是草原地区向外扩展，或主要从内蒙古草原、新疆等草原区向全国相关的草地、农场、农区、湖河区、道路区、机场、园林进行扩展，我国草业机械的覆盖面开始铺向全国。

二、发展的特点和存在的问题

第一，在传统机械化基础上，将国外现代化的机械模式和机械技术引进消化吸收过来，仅仅是开始与我国的生产实际进行接口，所以，该时期只能称为我国发展现代化草业机械的开始。

第二，此阶段也是我国草业机械发展过程中的一个转折，之前，我国传统机械面向前苏联模式，从此开始，我国的草业机械是学习美国等西方国家的机械模式和技术。

第三，之前，我国发展传统机械化时期，之后，开始发展现代化时期。传统机械系统仅能生产就地利用的传统散草垛，产品质量差，技术要求也都很低；而现代草业机械生产的草产品群，其产品可以进行流通，开始将草产品推进市场，为草产业的发展建立了初步基础。

第四，这个时期是我国草业机械发展最快的时期。从 1978 年起，仅用了 3～4 年的时间，我国就将国外现代化的草业机械机型、生产模式基本上都引进来了。从发展速度之快、覆盖面之广、热情之高等都是我国草业机械发展历史上从来没有过的。

第五，该时期的发展，基本上是从上而下的，上面的积极性非常高，也存在一定的盲目性，即这样的机械模式和机械型式是否与我国的生产实际相符合，对此缺乏战略性的研究，对其中可能出现的问题也缺乏深刻认识，也没有一个方向性的发展规划。所以，之后相当长时间这些现代化的机械和机具系统，多没有在生产中得到推广。

第六，从机械的技术上来分析，我国虽然将现代化的机型引进来了，也能进行试生产。但是从技术、制造上，并没有将国外的现代机械技术真正地引进来，更没有学到手。这些机械技术与我国的实际的结合上，也存在着实际问题。至今已经几十年过去了，我国与国外生产的相同的机械，依然存在着相当的差距。所以，这个时期只能算是我国现代化草业机械发展初期。

第四章　发展草业机械过程中的曲折

第一节　发展小型机械时期

　　1978 年开始，我国农村、牧区进行了体制改革，由队为基础的集体所有制转变为以户为单位的个人承包责任制。体制变了，经营范围缩小了，与原有经营基础相适应的机械化也不适应了，大中型机械的发展受到了抑制。为此，小动力、小型拖拉机、小型草业机械需求增加。传统的草业机械、割草机、搂草机消耗动力小，依然适应。现代化的草业机械对家庭承包制度不够适应，市场表现冷淡。为适应形势的发展，从 1980 年开始，我国开始重点发展小型草业机械产品。例如，1982 年草原地区的呼伦贝尔农牧业机械研究所，试制出半悬挂式割草机 9GBH—2.1。该机采用 9GJ—2.1 割草机的切割器，移置到小四轮拖拉机上。还试制了 9LZ—4.5 横向搂草机（搂幅 4.5 m，机重 455 kg，与小四轮拖拉机配套）以及 9JC—1.8 集草机（工作幅 1.8 m，机重 63 kg，与小四轮拖拉机配套），如图 2-4-1、图 2-4-2 所示。

图 2-4-1　9LZ—4.5 横向搂草机

图 2-4-2　9JC—1.8 集草机

1983 年，海拉尔牧业机械厂和吉林农机研究所设计出 9G-1.9 型割搂草机，配套手扶和小四轮拖拉机，割幅 1.9 m，工作速度 5.0 ～ 6.2 km/h，后面挂接一个横向搂草机。如图 2-4-3 所示。

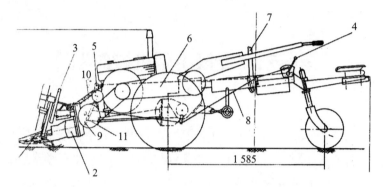

1- 切割器；2- 割草机机架；3- 悬挂架；4- 手扶拖拉机油门操作手柄；
5- 张紧轮；6- 手扶拖拉机前轮；7- 割草机操纵；8- 拉杆

图 2-4-3　9G-1.9 割搂联合机

后来锡盟宝昌牧机厂还生产了 9GL- 割搂联合机（割幅、搂幅均为 2.1 m），如图 2-4-4 所示。

图 2-4-4　9GL-1.9 割搂联合机结构

1983 年呼和浩特畜牧机械研究所，试制成 9GX-1.4 型悬挂式割草机（割幅 1.4 m）；吉林省农业机械研究所试制出 9LZ-2.6 型指轮式搂草机（搂幅 2.6 m）；1985 年呼和浩特畜牧机械研究所试制成单体滚筒式旋转割草机（割幅 0.8 m），均为小型拖拉机配套作业。1985 年内蒙古工学院在锡林郭勒白音锡勒牧场制成单马拉的 9GX-1.0 割草机，面向小户使用等。我国草业机械进入发展小型机械时期，开发的机械均与小型拖拉机，尤其与小四轮拖拉机配套，已经成为发展的趋势。

在这个时期内，在草原地区运用的主要还是传统的草业机械和新发展的一些小型机械，现代化机械在国营农牧场还有应用。

第二节　饲料工业兴起　草业机械走入低谷

一、饲料工业的兴起

20 世纪 70 年代末，国家将改变人们食物构成和发展畜牧业提到日程上来。当时我国的食物组成与发达国家差距很大，在食物组成上基本上是成品粮，每年人均消耗产品粮 184 kg，约是美国人均 63 kg 的 3 倍。牛奶及奶制品，我国每年人均 1.1 kg，美国是 156 kg；肉类我国是 7.5 kg，美国为 94 kg，与号称无畜国的日本也相差悬殊。详见表 2-4-1。

表 2-4-1　我国居民食物构成

项　目	平均每人每年的消耗量（kg）		
	美国（1975 年）	日本（1975 年）	中国（1977 年）
成品粮食	63	62	184
肉　类	94	17	7.5
蛋　品	16	14	2.2
鱼　类	7	34.5	2.8
牛奶及奶制品	156	53.5	1.1

注：资料来源于原粮食部科技局"赴美饲料考察总结报告"

美国人少地多，平均每人占有耕地 14.7 亩，每人每年占有粮食 2.7 t，其中一半以上用作饲料，发展畜牧业转化为肉、奶、蛋等畜产品，所以，美国的饲料工业非常发达。

美国的饲料工业起始于 19 世纪末期，第二次世界大战后，随着科学饲养的发展，畜牧业从个体饲养到群养再到大规模饲养场经营，饲料工业也相应的发展起来。1966 年美国生产配合饲料 6 000 万 t，产值达 60 亿美元，其产值高于农机工业，成为农牧业服务的最大工业部门。1977 年使用饲料 1 536 亿 kg，其中配合饲料 766 亿 kg，各种添加剂 300 亿 kg。农牧户自用配合饲料 470 亿 kg，饲料用粮超过居民口粮总数的 10 倍以上。70 年代末，美国饲养业中，养猪业的料肉比为 3.3，150 天可养到 100 kg；养肉鸡的料肉比为 2，52 天可养到 2 kg；蛋鸡的蛋料比为 2.7；肉牛的料肉比为 7～8（不计喂草），16～18 个月可养到 500 kg。

1978 年后，我国城镇养殖业开始发展起来，相应地我国的饲料工业开始在全国兴起。

二、草业机械走入低谷

当时，我国的饲料产量很低，营养不全面，饲料消耗平均比美国要高 40% ～ 50%。机械化饲养场由于配合饲料跟不上，饲养周期很长。改革开放后，受世界发达国家，尤其是美国的影响，我国开始快速发展城镇饲养场和发展饲料工业。为了给城市提供较多的畜产品，先是在大中城市建设了大型饲养场，实行科学饲养，建立大型饲料加工厂。在很短的时间内，我国大中城市基本上都建立起了饲料加工厂，并迅速波及到全国城乡。

在此形势下，一个全国发展饲料加工机械的热潮迅速兴起。20 世纪 80 年代初、中期，全国的农业机械（含草业机械）厂大部分都开发和生产饲料加工机械；农机研究单位都在开发饲料加工机械；有关高校也在开发饲料加工机械。因为饲料加工机械的生产、使用、投资的条件比草原机械好，产品使用、效益比草原机械优越得多，所以，全国开发饲料加工机械的积极性普遍高涨。相对地草原机械被冷淡了。在这个时期内，国内的畜牧机械厂除个别国家重点保持的之外，几乎都转产饲料加工机械或其他产品了。相应地，畜牧机械研究单位也改变了研究方向，甚至改换了门庭；就连与畜牧机械相关的高校，也多放弃草原机械，集中研究开发饲料加工机械了。所以在 80 年代初、中期，我国的草原机械走入了低谷。就连当时国家重点保持生产草业机械的专业厂，也几乎都是靠开发其他产品的效益来维护主产品过日子。在这个时期，我国草原机械的发展异常艰难。

第三节　草业机械的复苏

一、发展节粮型畜牧业

纵观发达国家畜牧业，多是在农业发展的基础上发展起来的。发展畜牧业的饲料来源，基本上依赖于粮食生产。例如，美国、日本、意大利等国，饲料的 75%、70%、60% 是粮食转化的。美国、西欧、前苏联等国 50% ～ 80% 以上的粮食用于饲料。发达国家人均消耗的肉、蛋、奶等畜产品的耗粮就达 650 ～ 850 kg。也就是说，畜产品基本上是粮食转化来的，明显地表现出畜牧业对粮食生产的依赖性。畜牧业愈发展，对粮食生产的压力就愈大。20 世纪 70 年代初期，由于世界粮食短缺，各国，尤其是欧洲，畜牧业受到了严重的冲击，因此，不少国家根据本国的条件采取了一些措施，如开发其他饲料资源，不同程度地减少了对粮食的依赖性。联合国粮农组织当时发出警告，粮食的生产不敷人口增长的需求。在国际上依赖粮食换取畜产品的传统难以为继了。因此，广开饲料资源成为发展畜牧业的一个重要方向。尤其对于粮食生产还不过关的我国，发展畜牧业不能再走粮食畜牧业的路子了。于是我国提出了发展节粮型畜牧业的发展方向。

我国属于粮食生产不发达的国家，当时人均粮食仅 330 ~ 350 kg，不及美国的30%、加拿大的 17%、德国的 36%、前苏联的 47%，低于世界平均水平。因此，我国不可能拿出更多的粮食发展畜牧业。所以，在我国饲料工业起步不久，就遇到了原料不足的困难。1986 年《人民日报》文章指出，当时全国有 1 400 多个饲料厂大部分停工待料。80 年代最后两年，粮食又感不足，粮食涨价幅度加大，全国很多地方畜牧业滑坡。按照我国饲料工业发展规划，2000 年生产配合饲料 1 亿 t，约需 5 000 万 t 玉米，那时我国玉米产量也仅 7 000 万 t，要拿出玉米总量的 70% ~ 80% 作为饲料显然不可能。当时按照农业规划 2000 年肉类发展到 3 000 万 t，蛋 15 000 万 t，一方面要发展畜牧业，一方面粮食又不足，构成了一个很大的矛盾。解决的方向只有广开饲料资源，走发展节粮型畜牧业的路子。

二、草资源丰富

1. 草原资源丰富

我国北方有 40 多亿亩草原，差不多是耕地总面积的 3 倍，大草原是我国草食畜传统的生产基地。我国南方有十几亿亩草山、草坡，水热资源丰富，可以建成若干个新西兰。内蒙古是我国最大的天然草原牧区。2004 年末牲畜 6 036 万头只，肉类总产量201.9 万 t，其中，羊肉产量排在全国第一，是我国奶类生产第一大省。2006 年年底，奶牛存栏数 301 万头，牛奶产量 880 万 t，占全国牛奶产量的 26.7%，居全国第一。新疆2004 年末牲畜 5 000 万头，新疆细毛羊 5 月龄体重可达 30 kg，是其他草原难以比拟的优势。青海省号称饲养的牲畜至少 2 100 万头只，主要有藏系绵羊、牦牛，尤其牦牛是青藏高原的优势畜种，居全国第一，占世界的 2/3。西藏有 1 640 万牲畜头（只）草原牧区的畜产品都是靠草原转化来的。农区的养牛业、养羊业草食动物饲养业，都是草、农业秸秆等草资源转化的。所以，我国靠草资源发展畜牧业的潜力很大。

2. 秸秆资源丰富

我国每年生产 4 亿 t 粮食，同时能生产 6 ~ 7 亿 t 的农业秸秆，农作物中约有 1/3 或以上的养分滞留在秸秆之中，每年生产的农业秸秆量大且质量高。详见表 2-4-2。

表 2-4-2　1993 年生产农业秸秆量（万 t）

项　目	生产量	项　目	生产量	项　目	生产量
稻　秸	18 791.30	大豆秸	1 498.50	甘蔗梢	1 440.50
小麦秸	10 929.16	其他杂粮秸	1 958.82	芝麻秸	29.21
玉米秸	15 515.21	薯　藤	2 435.93	向日葵秸叶	80.34
谷子秸	638.96	花生秸	662.27	棉花叶	270.48
高粱秸	1 022.76	油菜秸	2 087.40	可食麻类秸秆	160.00
合　计		57 521.54（5.7 亿 kg）			

资料来源：中国农业科学院提供，1993 年数据

3. 其他相关资源丰富

我国还有诸多的水生植物，可食、保健、医药植物，林木枝叶，一切生物质资源等储量丰富，潜力可观。

以上这些资源构成了我国的大草资源，这些草资源也构成了我国发展畜牧业的雄厚的物质基础。

三、提供了优质可靠畜产品，减少粮食消耗

草原资源能提供更多的优质饲草料，尤其能提供优质的植物蛋白质饲料。全国粮食总产量的 1/3 已经用于饲料，我国蛋白质饲料十分缺乏，从我国种植业中可能提供的饲用蛋白质总量仅能解决需求的一半。我国主要是靠大豆，靠进口大豆和大豆粕勉强维持蛋白质供需平衡。

牧草蛋白质是解决我国饲料蛋白质缺乏的根本途径，如紫花苜蓿、沙打旺、披碱草、草木樨、无芒雀麦的蛋白质产量（kg/hm^2）分别为 1 863、1 620、1 203、1 913、810，而大豆、玉米（kg/hm^2）仅为 640、457。为了粮食安全，发展草原（食）畜牧业，发展牧草植物蛋白生产，应是我国一个重要的可行方向。

草资源构成了我国发展节粮型畜牧业和保持我国粮食安全的重要支撑。

四、草资源就地加工促进了加工机械的发展

在全国发展草资源就地加工过程中，草业加工机械的发展也为草资源的开发提供了工程技术手段。

一是各种类型的草资源就地加工机械，包括草粉机、饲料切碎机、草颗粒机、压饼机、打浆机、农业秸秆化学处理设备、草干燥设备、农业秸秆热化学处理设备、草及草捆的青贮方法和设备等，以及以草资源为主要原料的饲料加工机组、饲料加工厂等也陆

续投放市场。

二是就地开发草资源促进了草业机械的复苏。草资源加工业在农牧区、城镇兴起，促进了各类草资源加工机械的发展。全国各大、中城市都在谋划、进行利用本地区资源发展饲料工业和其他草产业。至 20 世纪 80 年代末，我国草业机械在草资源的就地加工业的兴起中，草业机械开始缓慢复苏。

三是我国的草业机械来自草原，起始于田间的收获、收集。所以，起初我国的草业机械基本上是田间作业机械，即所谓的牧草收获机械。资源就地加工业的兴起，促使我国的草业机械已经扩展到草资源的加工机械和草产品加工业的生产。丰富了我国草业机械的内涵，也初显了我国草产业的萌发。

第四节　草业机械发展的新时期

一、草资源生态恢复促进了草业机械的发展

20 世纪 90 年代草资源就地加工机械的发展，秸秆揉碎机、干草压块机、干草颗粒机、小圆捆缠膜技术、草资源叶蛋白的提取等以草料为主的饲料加工机械、加工厂等新型设备相继出现和投入市场，带动了草加工业的发展，草地改良技术也有了一定的进展。但总的形势，我国草业机械在这个时期发展还是比较缓慢的。

我国草原面积广阔，是世界第二草原大国。牧区人口 4 300 万人，草原牧区饲养牛 4 000 余万头，羊 1 亿多只。

我国草原主要分布在内蒙古、新疆、西藏、青海、四川、甘肃、宁夏、黑龙江、辽宁、吉林、河北、甘肃。围绕我国国土的西南、西部、北部、东北边疆。

草原是我国最大的绿色屏障，对保护我国国土安全具有突出意义，其草原的生态功能已发展成为我国当时的主要矛盾。

我国的大沙漠：塔克拉玛干、古尔班通古特、巴丹吉林、毛乌素、腾格里、乌兰布和等和三大沙地都在北部草原地区，沙漠、沙地贯穿我国西北—北部—东北带。从草原分布上，我国的沙漠、沙地都沿草原分布在我国国土的北方，也就是我国的整个北大门前都是沙漠和沙地，中间都被草原阻隔着。

沙漠每年吞噬大约 4 000 km² 的土地，全国已有 27.3% 的土地被沙漠湮埋。中国北方的几乎整个中心地带都遭到沙漠威胁，沙漠已逼近首都北京。2006 年 6 月 4 日，一夜沙尘暴，北京降沙 33 万 t。流动沙丘常常侵袭铁路、公路，埋没草原和村庄，牧民被迫

迁徙。我国天然草原退化，随着而来的是载畜量大幅度下降。草原生态持续恶化，荒漠化面积不断增加；沙尘暴等自然灾害频繁发生；珍稀动植物灭绝。不但草原畜牧业失去了依托，而且威胁了国家的生态安全、国土安全。因此，保护和恢复草原生态平衡，已演变成为我国生态建设的当务之急，已是我国保护国土安全的当务之急。

草原植被可调节气候，涵养水源，维系生态系统、是防止水土流失的天然屏障。我国的草原是大江、大河的源头。随着气候变暖，降雨量减少，蒸发量增大；由于人为的破坏，草场的退化、沙化，草原涵养水源、调节气候的功能衰减。

由于乱开乱伐，草原退化、沙化面积20年来增加了两倍多。长江源区通天河流域沙丘已绵延百余里，黄河源玛多县一半的草原退化，大量的牧民因草场退化而迁徙、漂泊，三江源的大冰川整体后移了上百千米，许多雪山和冰川已从人们的视线中消失了，长江源也刮起了沙尘暴，致使青海境内三江源已危及我国的大动脉的安全。有文章警告说，青海长江流域草原已成"绿色绝唱"，长江源生态告急！

草原文化是中华文化资源基本组成部分，草原是草原民族文化发展的物质、环境基础。我国草原地区的民族文化多种多样，有着悠久的发展历史，草原文化、长江文化、黄河文化是中华文明的三大主源。如果草原没有了，我国的草原文化也就失去了依托。我国草原的恶化已经危及我国的生态安全、国土安全和文化传统！

2000年西部大开发战略，将保护草原上升为战略地位，保护草原、草地，退耕还林、还草，种树、种草等，草原的生态功能开始增强。草资源大发展，草资源的生态功能增强，草资源意义进一步展现。草产业起步，草业机械也随之逐渐发展起来了。

二、草资源生态保护加快了草业工程的形成

（一）草资源已经发展为大草资源、战略草资源

在草业生态保护的大潮中，草资源开始大发展。

草资源的意义不仅在于生态功能，亦是发展草产业的基础。现代草资源已非传统的草原资源，已经发展成为包括一般草地植物资源和其他草资源，如农业秸秆、灌丛植物、林木树叶和食、药、保健植物以及水生植物等生物质资源。至此，我国的草资源已经发展为大草资源，草资源的战略意义空前。

草资源的价值，也不局限于作为畜牧业饲料的"饲草""牧草"了，其功能几乎是全方位的。其价值已今非昔比，其生态战略功能深入人心，其历史传统文化的属性得到发扬。

（二）草产品及其市场的发展

草资源的发展促进了草产品的发展。所谓草产品，是以草资源为基本原料，经加工调制成能满足经济、社会不断发展需要的物质文化的草制品。

草产品有固态、液态、粉体、松散集合态；有干燥的、青鲜的。系统多样，种类繁多，是一个正在发展中的产品领域。

草资源本身也是一种草产品，是美化的、装饰的、旅游的文化草资源产品。包括天然的、加工修饰的、人工建造的等，可称为"草资源产品"。

按功能分，草产品包括：饲料产品，医药保健产品、食用产品，生物纤维，制取产品，工业半制品，各种生物质制品，思维质能产品等，其覆盖面非常广泛。

（三）草产业逐渐形成

"草业"概念是钱学森先生首先提出的。钱先生提出的草业，涵盖了草原畜牧业，是现代农业、林业大层面的概念，是草产业链的延伸。现代草产业已经发展成为以现代草资源为基础，运用现代工程技术手段，开发生产草产品群，通过发展草产品满足经济、社会、文化发展需要的新型产业，并具有鲜明的生态和草原的文化的历史属性。

（四）草业机械与草业工程

草业机械是草资源和草产品生产过程的必要手段，在草资源、草产品的发展过程中，带动了草业机械迅速发展。

草业机械就是草资源生产和将草资源收集、加工成草产品，促草立业的工程技术手段，是草业工程的基本组成部分。我国的草业机械依然保持着草原生态、文化的记忆性，没有草业机械就够不成草产业，没有草业机械的现代化草产业也不能实现现代化。

草产业包含了大草资源、广泛的草产品、现代化的草业机械。草产业是以草产品为核心的四个"草"字的融合。草资源、草产品、草业机械、草产业的融合，催生了我国的草业工程的形成。

四个"草"字的融合，相互促进和优化，这就是我国草业工程的基本特征，是我国草业工程的内涵。我国的草业机械经过了几十年的曲折，现在已开始走进了正常发展的道路。走进了市场发展的道路，即开始走入草业工程发展阶段。

随着我国市场经济的发展，我国的草业机械，也摆脱了计划经济模式，走过了曲折，进入了市场发展的新常态，开始了我国草业机械发展的新时期。2000年至今我国的草业机械发展稳定，速度也较快。

（五）草业工程发展存在的问题

我国的草业机械是在国外的基础上发展起来的，是在国外发展的引导下发展起来的，发展速度还是比较快的，但原创性非常差，基本上是仿制，包括机械产品、草产品上没有创新性，创新精神差距更大。几十年来基本上是国外有什么，我们就研究什么、生产什么。纵观我国的草业机械市场，基本上都是来自国外，我国创新的产品很少。

企业的生产差距也很大，相同的机械，与国外的产品比较总是存在较大差距，即使从国外引进的产品，产品质量总是赶不上国外的产品。其差距不仅表现在生产技术上，更主要的是企业的精神和管理上的差距高。

第五章 草业工程学科的积累

我国的草业机械起源于内蒙古草原，起于草原畜牧业，其发展过程是从内蒙古逐步向全国扩展的。纵观其发展过程中，海拉尔牧业机械厂在我国草业机械的发展过程中作出了重要贡献。尤其在前期我国传统草业机械的发展过程中，发挥了举足轻重的作用。原呼和浩特畜牧机械研究所（中国农业机械化科学研究院呼和浩特分院）在我国畜牧机械发展过程中，尤其是草原畜牧机械情报行业中作出了突出的贡献。内蒙古农牧学院（内蒙古农业大学）对草原畜牧机械，尤其是草业机械进行了全面的教学实践和连续半个多世纪的学科积累，其畜牧机械办学和草业机械学科的特点和优势，逐步得到了全国有关高校的承认。海拉尔牧业机械厂、中国农业机械化科学研究院呼和浩特分院、内蒙古农业大学和内蒙古农牧业厅农机局（农牧业机械技术鉴定站，农牧业技术推广、培训站等）可称为内蒙古发展草业机械的4个主要因素。他们在我国草业机械发展进程中都作出了重要贡献，在今后草业工程的发展中也必将继续作出贡献。

第一节 草原畜牧机械办学的历史背景

一、畜牧机械教育是内蒙古经济、社会发展的需求

我国草原面积是农田的3倍，内蒙古草原是其农田的18倍，占全国草原面积的30%，是我国最大的草原牧区，最好的天然草原。草原、草原畜牧业是内蒙古的经济基础和优势。内蒙古是我国最大的畜牧业基地，草原、草原畜牧业已经成为内蒙古的代名词，成了全国甚至国际上的著名品牌。

内蒙古草原是我国畜牧业机械的发源地，我国的草原畜牧机械是从内蒙古向全国扩展的。内蒙古的使用草原畜牧机械，已有一个世纪的历史。在我国，内蒙古生产的草原机械最早、最多，保有量也最多；早期国家畜牧机械定点生产厂都在内蒙古。"文化大革命"前，内蒙古生产的畜牧机械已经遍全国29个省区，当时还出口十几个国家、地区。国家从国外引进的畜牧业机械多投放在内蒙古；内蒙古还是国家明确建设的草原畜牧机械科研、情报、标准化中心。全国畜牧机械学会挂靠在内蒙古；国家畜牧机械产品

质量检测中心、中国农业科学院草原研究所、水利部牧区水利科学研究所等都设在内蒙古。后来国家又批准在内蒙古建设"国家草原畜牧业装备工程技术研究中心"。内蒙古在发展草原畜牧业机械、突出草原畜牧机械办学、坚持草业工程学科建设等方面，有着得天独厚的条件和突出的发展优势。

为适应草原畜牧业经济的发展，1952年国家在内蒙古设立了内蒙古农牧学院（内蒙古农业大学前身），其办学方向就是围绕草原、草原畜牧业办学和培养相关的高级技术人才。1960年建立了农牧业机械系，重点是为内蒙古培养草原畜牧业机械专业人才和从事草原畜牧业机械方面的科学研究。

二、内蒙古农牧学院在国内首先建立了"畜牧机械"专业

（一）在全国首先设立了"农、牧机械专业"

为适应内蒙古经济、社会、文化、科学的发展，内蒙古农牧学院1960年开始设立了"农牧业机械专业"，定位为农、牧业机械并举，突出畜牧业机械特点的办学方向。系统地开设畜牧业机械课程，增加草原机械的实践环节。开展畜牧机械，尤其草业机械的科学研究和学科建设。50多年来，为内蒙古自治区培养了大批农、牧业机械技术人才，有力地支援了自治区的经济建设。当时在全国相关高校中，内蒙古畜牧机械办学特色比较显著。

（二）在全国首先设立了"畜牧机械"专业

"文化大革命"后，为适应国家发展畜牧业的需要，在农牧业机械办学的基础上，内蒙古农牧学院首先设立了"畜牧机械"专业。

1978年，原农业机械部派牧机处处长田惠民及周学成同志来内蒙古，并代表农业机械部委托内蒙古农牧学院、农业机械部呼和浩特畜牧机械研究所进行了全国草原牧区畜牧业和畜牧机械人才情况调查研究。参加调查的人员基本都是内蒙古农牧学院农牧业机械系的教师，还有其他相关的科技人员等。调查组分赴新疆、宁夏、青海、内蒙古、黑龙江等草原畜牧业省区进行实地调查。据了解，农业机械部组织这次调查的目的，是计划在内蒙古农牧学院农牧业机械系的基础上建立一所全国性的畜牧机械学院，集中为我国草原牧区（民族地区、边疆地区）培养高等畜牧机械人才，促进草原畜牧业的发展，促进民族地区的繁荣，促进边疆的稳定。并为此在1978年的全国高等教育工作会议上提出建议。因为当时的内蒙古自治区政府意见不一，计划没有实现。但是为了发展畜牧业，培养高级畜牧机械人才，农业机械部只好在原来部管的吉林工业大学设立了畜牧机

械专业和在内蒙古工学院（内蒙古工业大学前身）设立了牧机系，并从 1978 年开始招收"牧业机械"专业学生。而内蒙古农牧学院为适应自治区畜牧业的发展的需要，从 1977 届就开始了"畜牧机械"专业的办学，制定和实行了全新的畜牧机械专业教学计划和进行了教材建设。在全国，当时内蒙古农牧学院是第一个办"畜牧机械"专业的高等院校。

第二节　畜牧机械专业的教学建设

1978—1984 年基本完成了畜牧机械教学基础的建设。

畜牧业机械专业，在全国来说也是一个新办专业。内蒙古农牧学院非教育部学校，也非部管学校，但是内蒙古农牧学院办畜牧机械专业，却抓住了主方向，突出了特色，积聚了优势。"文化大革命"后，当时在国内，内蒙古农牧学院已经有了十几年农、牧业机械办学的基础、经验和影响。

一、教材与教学文件的编写

在农、牧业机械教学的基础上，1980 年首先编出《畜牧机械设计与制造》《畜牧机械原理》两本校内教材。除了满足本校教学的需要，不少有关高校的教师也使用或参考了该教材。例如，吉林工业大学、原北京农业机械化学院、甘肃农业大学、原西北农学院等。当时仅笔者提供的畜牧机械教学配套教材和教学文件就有：《畜牧机械教学大纲》（试用于四年制畜牧机械设计专业），《畜牧机械毕业设及指导书》（适用于四年制畜牧机械专业），《牧草机械收获实习指导书》（适用于畜牧机械专业）和《饲草料收获机械》教材编写说明及编写大纲。

因为是三类学校，轮不上主编统编畜牧机械教材，但是全国也没有畜牧机械专业的教材，只能是自编自用，走自己的路。在编写过程中，提倡和实行并长期将国内外的有关畜牧机械的进展和研究成果随时引入教学的特殊做法，在教学实践中注重积累建设畜牧机械教材取得了明显成效。

二、课程体系的建设

为适应草业机械的发展，系统地设立了《牧草收获机械学》课程，也就是笔者最先抛出的"草业工程机械学"的雏形。

因为畜牧机械专业是一个新专业，在办学过程中，特别注意将有关国内外的新发展、新成果等随时引进教学，以此作为教学内容建设的基本手段，内蒙古农牧学院就是这样坚持对草业机械教学进行了长期的积累。仅笔者当时提供的教学参考资料就有：《牧草收获机械学—概论篇》《关于牧草收获技术要求》《中国牧草收获机械发展简史》《畜牧机械参考资料（一）》《畜牧机械参考资料（二）》。上述参考资料均已用于教学，如图 2-5-1 所示。

1979 年国家农垦局在黑龙江友谊农场从美国引进全套现代化农业机械和畜牧机械，聘请内蒙古农牧学院作者于 1979 年 2 月在友谊农场举办的全国农垦系统技术人员、领导学习班编写了《畜牧机械讲义》（是我国介绍国际上现代化草业机械的第一份讲义），并进行了讲学。这份讲义是笔者三赴 1978 年 12 国农机展览会和翻阅了友谊农场提供的进口样机的全部资料编写而成的。同年受农业部畜牧局的聘请为全国畜牧机械师资培训班，进行现代畜牧（草业）机械讲学。1980 年受内蒙古农机局的聘请，为全区旗县农机技术人员、领导学习班，进行现代草业机械的讲学。

通过引进（资料）、教学（分析积累）、实践（体会），至此，内蒙古农牧学院将国外现代化草业机械全面引进了教学，完成了"畜牧机械"专业的教学体系的基本建设，并且突出了草业机械教学的特色。同时，也在国家由传统草业机械向发展现代草业机械的转变过程中发挥了重要作用。

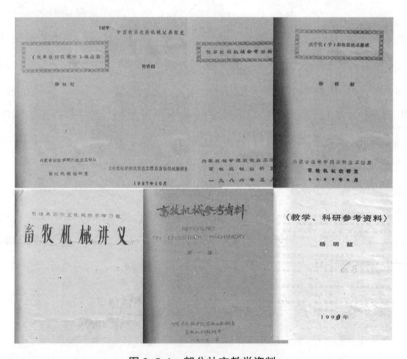

图 2-5-1　部分补充教学资料

第三节　草业工程学科的积累

一、在坚持草原畜牧机械办学方向中突出草业机械

1980 年以前，我国的畜牧机械基本上就是草原畜牧机械。因为草原机械，面向草原、面向牧民，经济基础非常薄弱，购买力差；生产厂家的投资及效益很差，国家对机械产品的价格的控制非常严格，生产草原机械利润微薄，很多生产草原机械的厂家都是靠生产其他产品的效益来维持草原机械的生产，草原机械市场并不发达。1980 年我国饲料工业兴起，饲料机械是面向养殖企业，尤其城市发展养殖业，很多都是政府行为或政府补贴，生产投资和产品效益很可观，饲料机械产品市场非常活跃。相对饲料机械，我国草原畜牧机械走进了低谷，草原畜牧机械办学也走入了低潮。很多畜牧机械科研单位，改变了研究方向；生产畜牧业机械的工厂，也多转产饲料机械或其生产他产品，就连有关畜牧机械的高校也都不涉及或很少涉及草原畜牧业机械了。在这样的形势下，内蒙古农牧学院没有丢掉原来草原机械的优势，而是继续坚持草原畜牧机械方向。在当时，我国草原畜牧机械的出路在哪里，草业畜牧机械办学前途在哪里，这些问题都很尖锐地摆在了面前。笔者当时为内蒙古农牧学院畜牧机械学科带头人，明确提出来"盲目跟在别人后面，永远也难赶上别人，丢掉自己的特点、优势赶潮流，是很难有所作为的。""走自己的路"就是结论（见《振兴自治区畜牧机械和发展我国草原畜牧业机械的可行性研究》，1994 年通过内蒙古自治区鉴定验收）。

多年来，笔者坚持在草原机械办学方向中突出草业机械，并参与了重要的研究与开发实践。

1983 年，笔者进行《内蒙古饲草料加工机械化调查研究》；确定了重点发展草资源就地加工业的方向。这已成为内蒙古草业机械发展的一个转折。

1984 年，笔者以《保持和发挥自治区畜牧业机械化优势的几点意见》上书自治区主席呼吁支持发展畜牧机械，尤其是支持发展草业加工机械，自治区将此信登载了"内部参考"上，并且专访了笔者，将笔者发展草资源加工饲料工业的意见发表在《内蒙古日报》上。

1984 年，笔者为内蒙古自治区饲料工业发展，提出《发展自治区饲料工业的意见》，均被自治区科委采纳，对推动饲草料机械的发展发挥了重要作用。

1986 年开始，受内蒙古自治区农业机械化局的聘请和委托，笔者连主持了自治区

重点开发项目，完成了几项新型重要的饲草加工机械——液压高密度捆草机、干草压块机、辊式牧草压饼机等的开发，在突出草资源加工机械方面发挥了重要影响。

1988年，笔者编写了农业部牵头主编的《中国畜牧业机械化》中草收获机械化的全部内容，由农业出版社出版。

1990年，笔者受中国大百科全书出版社和中国农机学会的邀请和推荐，编写了《中国大百科全书》中"牧草机械"的全部条目，由中国大百科全书出版社出版。

1992年，笔者为《中国农业百科全书》编写了牧草收获机械的全部条目，由中国农业出版社出版。

1994年，笔者主持了《中国牧草收获机械发展研究》重要项目。通过自治区验收，1996年获农业部科技三等奖。同年主持完成自治区重要项目《振兴自治区畜牧业机械和发展我国草原畜牧业机械的可行性研究》，获内蒙古农业科技进步奖。

1998年，笔者编写了《内蒙古科技志》中的"牧草收获机械化"全部内容，由内蒙古人民出版社出版。

1999年，农业工程专家研讨会在内蒙古农业大学召开，笔者第一次提出了《我国草业机械工程》学科研究成果报告，全面介绍了内蒙古农业大学草业机械学科的积累和发展成果。

2000年，笔者编写了由工程院院士组编的《面向21世纪农业工程技术丛书》的《农业机械化工程技术》一书中"牧草与饲料作物生产加工机械化技术"部分，由河南科技出版社出版。

二、草业工程学科建设与积累

（一）草业机械产品研制项目

在草业机械的发展过程中，笔者主持完成的一些草业机械产品研制项目，都曾在生产中得到应用。如下所示。

（1）内蒙古自治区重点攻关项目，液压传动高密度压捆机9KY-350型（1988年完成，草捆密度350 kg/m³，自动循环，也可手动作业，国内外第一台液压驱动式压捆机）。如图2-5-2所示。

（2）内蒙古自治区重点攻关项目，青干牧草缠绕挤压式压饼机9YG-76型（1988年完成，新型挤压原理，草饼尺寸：直径80 mm，长度60～70 mm，国内第一台缠绕挤压式压饼机）。如图2-5-3所示。

（3）内蒙古自治区重点攻关项目、农业部资助项目，环模式压草块机9Ku-650型

（1990 年完成，草块尺寸：断面积 30 mm × 30 mm，长度大于 30 mm，生产率 1 t/h，国内第一台环模式压块机）。如图 2-5-4 所示。

（4）开发了两种秸秆揉碎机，包括秸秆揉碎机和灌木揉碎机，如图 2-5-5 所示。

（5）内蒙古经委攻关项目，1985 年完成配合饲料加工机组 9SJ-500 型研制和应用。如图 2-5-6 所示。

（6）参加研制了内蒙古 2.5 联合收获机，内蒙古科委 1977 年鉴定。如图 2-5-7 所示。

图 2-5-2 9KY-350 型高密度压捆机

图 2-5-3 9YG-76 型青干草压饼机在试验

图 2-5-4 9Ku-650 型干草压块机在生产试验

图 2-5-5　两类揉碎机及生产现场

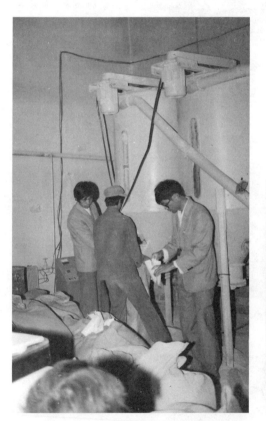

图 2-5-6　9SJ-500 型饲料加工机组在生产　　2-5-7　联合收获机在田间生产（笔者驾驶）

（二）典型草产品

笔者经过试验研究，完成了一些草产品。典型草产品如下所示。

（1）实验研究的草产品系列如图 2-5-8 所示。

图 2-5-8 试验研究的草产品系列

（2）试验开发出青鲜揉碎草丝，可谓最优草产品，如图 2-5-9 所示。

（a）柠条丝　　　　　　　　　　（b）清鲜玉米纤丝

图 2-5-9 揉碎的青鲜草丝

（3）试验开发出青鲜草捆包，使青鲜草产品可以保存，并能进入市场，如图 2-5-10、图 2-5-11 所示。

图 2-5-10 试验开发的青鲜草捆包

图 2-5-11 青鲜草捆包储存 13 个月开包均成优质青贮饲料

（4）尤其是青鲜苜蓿草捆包，储存 13 个月后，虽然苜蓿难以青贮，但是内部叶花结构完好，通过草捆包，将青鲜苜蓿草的品质完好的保存下来了，受到青饲料专家的肯定和好评，如图 2-5-12 所示。

图 2-5-12 开包青贮的苜蓿草

（5）开发的其他成型草产品，如图 2-5-13 所示。

图 2-5-13 干草块及冬天的杨树落叶压成的草块

（三）草物料加工基础理论研究成果

笔者主持完成的草物料加工基础理论研究成果如下。

（1）内蒙古自治区自然科学基金项目 2 项：牧草压缩试验研究（1988—1990 年）；牧草压缩后试验研究（1996—1998 年）。

（2）国家自然科学基金项目 3 项：农业纤维物料压缩试验研究（项目号 5936500400，1994—1995 年）；牧草压缩流变学研究及压缩工程优化设计（项目号 59865001，1999—2001 年）；新鲜草物料压缩工程优化设计及新型草料产品的试验研究（项目号 50165001，2002—2004 年）

三、草业工程学科点的建设过程

内蒙古农牧学院在教学建设过程中，逐步开始了学科的积累。在本科教学的基础上，1990 年开始了研究生专业的建设时期。

（一）农牧业机械系第一个硕士研究生学位点的建立

第一个硕士研究生专业是《农业机械化工程》（国家专业目录中畜牧机械专业已经归入农业机械专业），突出了草原机械。

1989 年在当时系主任胡瑞谦教授主持下，开始申请硕士研究生授予点的工作。根据该系教学、科研的基础和自治区的实际，胡先生提出：我们申请农业机械化专业硕士点，应该突出畜牧业机械化办学的特色。也就是说当时该系的优势学科是畜牧业机械化。于是申报学科点挂靠在了当时的畜牧业机械化研究室，笔者当时是畜牧业机械化研究室主任。申报材料有两部分，一部分是"申请硕士学位授予权学科、专业简况表"，一份是"内蒙古农牧学院农业机械化学科申请硕士学位授予权报告"。

"申请硕士学位授予权学科、专业简况表"中，在本学科点（系）1983 年以来科学研究的主要成果（包括著作、教材、发表的论文）中，共有 32 项，其中仅笔者主持的草业机械有 13 项。其他畜牧机械相关项目 3 项，其余均为相关项目。从申报材料上，显然是突出了畜牧机械化的作用。

"内蒙古农牧学院农业机械化学科申请硕士学位授予权报告"中，申报主持单位为畜牧机械化研究室。报告主体内容是突出学科点草原机械化办学的特点、优势；突出学科点发展前景和培养畜牧业机械化研究生的意义；列出畜牧业机械化学科的主攻方向。

1990 年，国家批准了内蒙古农牧学院的申请，取得了第一个硕士研究生学科点——农业机械化（畜牧业机械化），学科、专业代码 082401。

（二）第二个硕士研究生学位点的建立

第二个硕士研究生专业是"农业机械设计制造"，就是现在的"机械设计及理论"专业点。

1993年，笔者主持申请"农业机械设计制造"硕士研究生学位点。"申请硕士学位授予权学科、专业简况表"主要突出了草业机械，主攻方向是草（原）业机械。在学科点（系）近期完成成果、著作、论文中列出64项，其中仅笔者主持完成的草业机械方面的就有13项；获奖或鉴定成果15项中笔者完成的草业机械就有6项。对代表性成果评价13项中作者完成的草业机械6项比较突出。

1993又获得了第二个硕士研究生专业点（侧重草业机械设计制造），是与内蒙古工业大学的机械制造专业同期取得硕士学位授予点。

（三）加强学科点的建设和营造学科专业办学平台

严格执行国家对学科点的规定和基本要求建设两个研究生专业授权点，在此基础上继续突出和拓展畜牧机械（尤其草业机械）学科优势。在教学内容和研究方向上下了一番功夫，例如，对畜牧机械教学进行了改革研究，研究成果随时反应在教学中；笔者为研究生中开出了"高等草业机械学"，还开出了"草业机械发展前沿"课程。

1993年开始增设电气化专业办学，建设机械制造专业，建设机械—电气化学科平台。

（四）《农业业机械化工程》博士研究生点的申报过程

当时畜牧机械办学，以及第一个和第二个硕士研究生学位点的建立，畜牧机械办学的特色和优势已经得到了全国同类院校的公认。

1. "申博"准备

1993年，内蒙古农牧学院对"申博"采取了一系列的实际步骤和举措。

第一个方面举措就是申报内蒙古自治区重点学科，提高畜牧机械学科的层次。

（1）1991年学校评定了畜牧机械为学校重点学科。从此，畜牧机械学就成为内蒙古农牧学院的重点学科。

（2）1994年申请内蒙古自治区重点学科。

（3）1994年开展内蒙古自治区高等学校优秀教学成果立项。

（4）与中国农业大学联合培养畜牧机械专业方向博士研究生。与有博士授权点联合培养博士研究生，相当于在"申博"路途中"先上半个台阶"。从中国农业大学争取一个博士生指标，鼓励内蒙古农牧学院的青年教师报考，中国农业大学的博士生导师作为导师。中国农业大学聘请笔者作为副导师，指导研究生的草业机械研究博士论文。学生在笔者主持的《牧草压缩流变学研究》项目的研究中，完成了博士论文。1988 年由中国农业大学授予了博士学位，成为内蒙古农牧学院的第一个畜牧机械博士，成为后来的学科带头人。

2. 开始"申博"

经过了反复酝酿、讨论，还是要举畜牧机械的旗帜。1998 年开始"申博"。"申博"交流中，已经感受到国内有关高校、学科的知名人士和学科带头人都对内蒙古农牧学院学科点的畜牧机械（尤其草业机械）学科优势加深了印像。

当时全国农业工程学科"申博"的有 3 所学校 4 个专业，分别是：西北农林科技大学，农业机械化工程专业；浙江农业大学，农业机械化工程专业；内蒙古农牧学院，农业机械化工程专业；内蒙古农牧学院，农业水土工程专业。

经过专家外围投票入围的是：西北农林科技大学农业机械化工程专业分数最高；内蒙古农牧学院农业机械化专业分数第二；内蒙古农牧学院农业水土工程专业分数第三；浙江农业大学农业机械化专业分数第四。

按照分数，内蒙古农牧学院的农业机械化专业被批准是没有问题的。但这次内蒙古农牧学院的农业机械化专业没有拿到博士学位点，批准了农业水土工程博士学位点。

学科组是这样解释的：在一个农业工程学科中，这一次内蒙古农牧学院不能同时批准两个博士点。另外，这一次批准的也不能全是农业机械化专业，据说也征求了学校的意见。这一次的申博，就这样结束了。

3. 总结经验再申请

1999—2000 年内蒙古农业大学（原内蒙古农牧学院）的《农业机械化工程学科》再次申博取得成功。虽然不是内蒙古自治区第一个工科博士点；但是《农业机械化工程》确是内蒙古自治区第一个机械化方面的博士点。接着又申办了农业机械化工程一级学科博士点。现在看来，2000 年博士点的获得，是国家对内蒙古农业大学长期办学和学科积累的认可。

四、草业工程学科的拓展——"外一章"

内蒙古农牧学院已经坚持草原机械办学 50 年，在草业工程学科的建设中，走出了自己的路，取得了显著地成效，显示了鲜明的学科特色和优势，得到了同类院校和农业工程学科界的公认。在此基础上，继续拓展，可望内蒙古农业大学在全国能首先建立起一个特色突出、优势显著的草业工程学科。

下面仅介绍笔者退休后至今对草业工程学科的继续耕耘，希望能完善草业工程学科，渴望内蒙古农业大学的草业工程学科远远流长下去。但因为现实的进展，也因为笔者已经退休，所以，在此加注了"外一章"。之所谓"一章"，是基于学科的整体的连续性，基于主持人和学科思维的连续性。但是这个"外"字，是代表笔者作为已退休的个人思维和个人行为。

笔者在草业机械科研、教学岗位上干了45年，退休后已经不能主持研究项目。也不能面向学生教学了，交流的机会少，也很难发表文章了。编写的著作，也出版不起了。就在这时，笔者却突发产生了刚进入学科角色的感悟。出于对学科的热爱，致使退休后的惯性太大，刹不住车，就顺其自然地进入了新的自我学科耕耘，已经8年了。

"草业工程学科"是笔者一生的坚持和追求，退休后可以全身心地、敞开思维地去想、去追求了。笔者退休后研究的主要新进展大致如下。

（一）提出和诠释了"草业工程学科"

1. 对"草业工程学科"的诠释

笔者认为，"草业工程学科"可以理解为：用草业机械进行草资源生产，将草资源加工成草产品，促草立业；即草资源、草业机械、草产品、草产业的融合构成了学科的基本特征；学科跨越了"农机制造业""畜牧业""草产业"3个主干产业；学科融合过程中突出了机械学与生物学的结合，体现了农业流变学的基础地位。"草业工程学科"中，应是以国内外草业机械的全方位研究为基础；我国的"草业工程"源于内蒙古草源，源于草原畜牧业。因而，我国的草业工程具有草原的生态、文化的属性。

（1）草资源：草资源的意义不仅在于生态功能，亦是发展草产业的基础。现代草资源已非传统的草原资源，已经发展成为包括一般草地植物和其他草资源，如任何的人工种草、青饲料、农业秸秆、灌丛植物、林木树叶以及食、药、保健植物和水生植物等生物质资源。至此，我国的草资源已经发展为大草资源，草资源的战略意义空前。草资源的价值，也不局限于作为畜牧业饲料的"饲草""牧草"了，其功能几乎是全方位的。其价值已今非昔比；其生态战略功能深入人心，其历史传统文化的属性得到发扬。

（2）草产品：草资源的发展促进了草产品的发展。所谓草产品，是以草资源为基本原料，经加工调制成能满足经济、社会不断发展需要的物质、文化的草制品。草产品有固态、液态、粉体、松散集合态；有干燥的、青鲜的。系统多样，种类繁多，是一个正在发展中的产品领域。草资源本身也是一种草产品，是美化的、装饰的、旅游的文化草资源产品。包括天然的、加工修饰的、人工建造的等，可称为"草资源产品"。按功能分，草产品包括：饲料产品；医药保健产品、食用产品；生物纤维；制取产品；工业半制品；各种生物质制品；生物质能产品等，其覆盖面非常广泛。

（3）草产业："草业"概念是钱学森先生首先提出的。钱先生提出的草业，涵盖了草原畜牧业，是现代农业、林业大层面的概念；是草产业链的延伸。现代草产业已经发展成为以现代草资源为基础，运用现代工程技术手段，开发生产草产品群，通过发展草产品满足经济、社会、文化发展需要的新型产业。

（4）草业机械。在草资源、草产品的发展过程中，带动了草业机械发展。草业机械就是草资源生产和将草资源收集、加工成草产品，促草立业的工程技术手段，是草业工程的基本组成部分。没有草业机械就够不成草产业，没有草业机械的现代化，草产业也不能实现现代化。草产业包含了大草资源、广泛的草产品、现代化的草业机械，是以草产品为核心的 4 个"草"字的融合。草资源、草产品、草业机械、草产业是在融合中发展的，再也不是单独的草业机械，从而催生了我国的草业工程的形成，我国的草业机械的发展也从此进入了草业工程发展的新时期。

2. 我国草业工程学科内蕴丰富，特色突出

（1）显然草业工程是草资源生产，并将其加工成草产品，满足经济、社会发展需要的草产品，促草立业的融合是其基本特征。

（2）在融合的过程中，草资源以及草产品的生物学性贯穿全过程；在融合过程中，机械元件及其机构的机械学特性，也贯穿全过程。过程中机械学特性与生物学特性的交映，应该是草业工程学科的基本属性。缺一就构不成草业工程，或草业工程学科。

（3）在机械作用生物体过程中，机械、产品的流变学现象很普遍，因此，除了工程力学、机械原理基础之外，流变学也应该是草业工程的基础。实践体会，没有流变学基础，没有流变学的的思维，确确实实地约束了学科的教学、学科的研究、学科的思维，进而约束了学科的发展。

（4）我国草业工程，源自草原，源自草原畜牧业，因而草原的生态特性和草原（文化、传统）的记忆性，必然沉淀在学科中。草业工程应该发扬草原生态、文化属性。

（5）草资源和草产品的广泛性、复杂性，因而，草业机械和草业工程专业理论非常广泛。

（二）在草业工程学科拓展中新进展提纲

1. 笔者完成了7部学科基本著作

2010 年出版了《农业物料流变学》；2011 年出版了《草物料压缩试验研究》；2012年完成了《模型概念流变学分析》；2013 年出版了《草业工程机械学》；2013 年完成了《草业机械及草产品生产——面向用户》；2016 年完成了《草业工程学科积累与拓展》等；2016 年出版《草业机械发展过程分析》。

（1）《草业工程机械学》，62万字，2013年12月中国农业大学出版社出版。

该书包涵了迄今最全面系统的草业机械的典型专业理论，反映了国内外的发展和作者50年的教学、科学研究成果、专业实践的积累及对我国草业工程的的思维。

突出了草业机械与草资源、草产品过程的生物性的融合。

该书将至今有关零散的文献和资料，从草业工程（理论、产业）的高度，经过集成、添加、系统、完善，是我国第一部"草业工程机械学"的著作，完成了我国第一代草原畜牧业机械学者的历史使命。

基本内容包括：草地土壤植被机械，农业物料切割机割草机械，农业物料切碎及青饲料机械，农业物料的收（聚）集机械，农业物料的输送装置，农业物料的压缩工程，农业散粒（粉）体工程，农业物料的水分与干燥工程，农业物料的其他加工过程。

（2）《草业机械及草产品的生产——面向用户》，20万字，2012年完成，待出版。

此书可作为培训教材，主要包括以下内容。

草业机械综论：从发展、内涵、分类、草产品的生产过程，给用户关于草业机械及草产品生产的一个整体认识。

草业机械及草产品生产分论：现代常用的草业机械生产机械系列、机械原理、结构及工艺过程和草产品，以及对机械的评价和选择等。

（3）《草业机械发展过程分析》，36万字，2016年中国农业科学技术出版社出版。

（4）《草物料压缩试验研究》，18.4万字，2011年农业出版社出版。

该书是作者主持过5个自然科学基金和若干产品开发等项目研究成果的专门著作。

基本内容：草物料的特殊性及其意义；国内外压缩研究的进展；提出和建立了2类压缩及"开式压缩理论"及对压缩工程的若干专题研究；开始进入压缩流变学试验研究。

（5）《农业物料流变学》，35万字，2010年农业出版社出版。

农业物料流变学是草业工程学科的重要理论基础。

该书是笔者为研究生开的"农业流变学基础"新课的积累、思考、展开写成的，是对学科基础研究的一点尝试。是农业物料加工流变学理论基础，不是对流变学全面研究，确是作者对农业物料加工基础理论的试验研究的新作。书中内容基本上反映了农业物料加工流变学基本理论研究的新进展，可以选作相关专业的参考教材。

（6）《模型概念流变学分析》，25万字，2012年已经完成，正筹备出版。

该书运用模型理论的概念分析工程过程中的流变学现象。

作品提出的思维：第一，农业流变学是新兴学科，也是农业物料加工流变学基础。流变学的研究一般依赖于数学的演绎计算和用概念分析的方法进行研究。第二，非力学专业人员学习和研究流变学非常的困难。但是农业工程人员注重概念思维。作者提出的模型概念分析，不仅方便工程人员学习、运用流变学理论；而且在过程中还有利于概念分析能力的培养，这可能是本作品的一个特殊意义。

内容提要：①流变学模型是3个基本定律的机械融合。可以模拟具有固定性质的物料过程。在模拟过程中，分析了模型结构，流变学过程的对应、叠加原理。②对物料的各种变形和变形恢复过程、变形应力和应力恢复过程、应力松弛等过程及其相互间的转变机理及关系就行了全面地分析。拓展成了物料过程、模拟模型流变学研究的空间。③提出了自由应力松弛新过程；建立了新的开尔芬类模型类模拟应力松弛系统。扩展了应力松弛理论篇。且从模型理论上找到了两类应力松弛的的接口。④对松散物料压缩成型过程进行了深入系统地流变学分析，提出了压缩"变形体"的新概念、新原理，并进行了压过程变形体恢复特性的分析研究；提出了松散物料压缩研究的新的理论系统；展示了由松散体→密实体→固体的转变的流变学过程和学科空间。进一步拓展了农业物料压缩流变学理论。

（7）《草业工程学科的积累与拓展》，23万字，已经完稿，筹备出版。

基本内容包括：草业工程学科的实践、积累，草业工程相关的拓展与成型，草业工程学科的内涵及特点了草业工程学科的教学研究，草业工程学科若干基础理论的思考等。

2. 筛选出了与学科有关的专题报告（PPT）

《草业工程与草产业》《我国草业工程50年》《我国草原畜牧业发展战略的再思考》《我是如何进行学科研究的》《我在农业物料加工流变学研究中的新进展》《国内外松散物料压缩蠕变研究中存在的基本问题及压缩变形体理论的分析研究》《应力松弛理论中存在的基本概念问题的分析研究》《松散体—密实体—固体态在压缩过程形态转变的流变学研究》等。

主要参考文献

东北农垦总局红星隆管理局. 1979. 国家农垦总局国外农机技术学习班材料之一，之五 [G]. 黑龙江友谊农场.

胡中. 1993. 世界农业机械发展大事年表 [G]. 中国农业机械化科学研究院.

郝益东. 2002. 国外畜牧业考察文集 [G]. 呼和浩特：内蒙古人民出版社.

机械工业部呼和浩特畜牧机械研究所. 1986. 国外畜牧机械基本情况 [G].

机械工业部呼和浩特畜牧机械研究所. 1984. 9GSH-5.4/9GSH-40 牵引双刀割草机研究文件汇编 [G].

李克佐. 1965. 苏美英日农业机械化发展概况 [G]. 北京：农业出版社：31-39.

内蒙古农牧业机械化研究所. 1974. 国外畜牧机械参考资料（一）[G].

内蒙古农牧业机械化研究所. 1974. 国外畜牧机械参考资料（二）[G].

内蒙古农牧业机械化研究所. 1975. 国外畜牧机械参考资料（三）[G].

内蒙古农牧业机械化研究所. 1975. 国外畜牧机械参考资料（四）[G].

杨明韶. 1991. 中国牧草收获机械发展史 [J]. 农业机械学报，（3）.

杨明韶. 1994. 中国牧草收获机械研究 [G].

杨世昆，苏正范. 2009. 饲草生产机械与设备 [M]. 北京：中国农业出版社.

杨明韶，杜建民. 2013. 草业工程机械学 [M]. 北京：中国农业大学出版社.

中华人民共和国粮食部科技局. 1979. 赴美饲料考察技术总结 [G].

Deere & Company. 1976. Fundamentals 0f Machine Operation HAY and FORACE HARVESTING [G]. Moline：Allrightsreserved.